Osprey Aircraft of the Aces

Mitsubishi Type 1 Rikko Betty Units of World War 2

Osamu Tagaya

Osprey Combat Aircraft

オスプレイ軍用機シリーズ
26

太平洋戦争の三菱一式陸上攻撃機

部隊と戦歴

［著者］
多賀谷 修牟
［訳者］
小林 昇

大日本絵画

カバー・イラスト/イアン・ワイリー
カラー塗装図とスケール図面/マーク・スタイリング

カバー・イラスト解説
日本が真珠湾を攻撃し、南東アジアに侵攻を開始するちょうど5日前の昭和16(1941)年12月2日、イギリス海軍のZ艦隊は大英帝国の極東における橋頭堡、シンガポールに到着した。Z艦隊はサー・トーマス・フィリップ将軍によって率いられ、最新鋭の戦艦プリンス・オブ・ウェールズと、旧式ではあるが戦闘慣れした巡洋戦艦レパルスを中心としており、日本軍のマレー侵攻およびシンガポール攻略にとって、最も手強い邪魔者であった。これら2隻の戦艦は、日本軍がマレー作戦に用意していた水上艦隊を打ち負かすに十分なものであった。Z艦隊は日本軍の上陸輸送船団を捕捉して、いかなる犠牲を払おうとも致命的な打撃を与えてその進行を阻まねばならなかった。
昭和16年12月10日の昼近く、日本海軍の第22航空戦隊所属の九六式陸上攻撃機(G3M2)と一式陸上攻撃機(G4M1)は遥か彼方、サイゴン近郊の基地から飛び立ち、2隻の主力艦を仏印のマレー東岸、クアンタン沖で捕捉した。鹿屋航空隊の一式陸攻26機が12時20分に戦場へ到着したとき、すでにZ艦隊は32機の九六陸攻からなる元山と美幌、両航空隊の攻撃を切り抜けたところであった。2隻の戦艦はともに九六陸攻の攻撃によって損害を受けていた。とりわけプリンス・オブ・ウエールズは操舵能力を失っていた。しかし両艦も、ただちに沈没するような危機には到っていなかった。実際、レパルスの士気は旺盛で、爆弾1発を被弾していたが、装甲甲板にほとんど影響がなく、その後に発射された15発の魚雷もみごとにかわしていた。2隻の運命はいまや新しく到着した鹿屋航空隊の一式陸攻の手に委ねられていた。
操舵不能のプリンス・オブ・ウエールズは、たちまち鹿屋空の第1中隊、第2中隊の放った魚雷4本を浴び、およそ1時間後に沈没した。とうとうレパルスにも1本の魚雷が命中したが、「古武士」はいまだ激しく抵抗していた。そして第3中隊がその攻撃の矛先を強固な巡洋戦艦に向けた。
イアン・ワイリーによって描かれた画は、その後の攻撃でレパルスを仕留めた鹿屋空第3中隊の壹岐春彦大尉の乗機を示している。壹岐機はレパルスが撃ち上げる激しい対空砲火によって、17発を被弾したが生き延びた。だが、大尉の僚機2機は、不幸にも火の玉となり波間に消えた。しかし、2機とも魚雷を投下した後に撃墜されたと思われる。3発の弾着が右舷に確認され、他の機によって左舷にも1発が命中した。大爆発の後、レパルスは転覆し、ほんの数分で海中へと消えていった。

凡例
■翻訳にあたって文中の用語には一部日本海軍の慣用語を用いた。たとえば海軍の装備火器については、口径40mmまでを機銃(銃)と記した。またいわゆる「飛行機乗り」については日本海軍の用語である「搭乗員」を使用した。
■日本海軍の部隊名については原則として「台南航空隊」→「台南空」、「第751航空隊」→「751空」、「攻撃701飛行隊」→「攻701」のように略記した。
■日本を除く各国の主な組織についての邦語訳は以下の通りとした。また、必要に応じて略称も用いた。
米陸軍航空隊(USAAF=United States Army Air Force)
Air Force→航空軍、Group→航空群、Squadron→飛行隊。
米海軍(USN=United States Navy)
Fighting Squadron(VFと略称)→戦闘飛行隊、Bombing Squadron(VBと略称)→爆撃飛行隊、Patrol Squadron(VPと略称)→偵察飛行隊。
米海兵隊(USMC=United States Marine Corps)
Marine Fighter Squadron(VMFと略称)→海兵戦闘飛行隊。
イギリス空軍(RAF=Royal Air Force)
Squadron→飛行隊。
このほかの各国については適宜邦語訳を与えた。
■訳者注、日本語版編集者注は[ ]内に記した。

翻訳にあたっては「OSPREY COMBAT AIRCRAFT 22 Mitsubishi Type 1 Rikko Betty Units of World War 2」の2001年に刊行された初版を底本としました。[編集部]

翻訳にあたり、佐々木孝子氏の助力を得ました。謝して記します。[訳者]

目次 contents

6	1章	「陸上攻撃機──陸攻」の概念 the rikko concep
15	2章	運用の開始 into service
27	3章	研ぎ澄まされた刃 on the cutting edge
34	4章	不運な部隊 hard luck unit
37	5章	挫折した目論見 thwarted objectives
44	6章	ガダルカナル──陸攻の墓場 guadalcanal──funeral pyre of the rikko
68	7章	「い」号作戦 operation i-go
90	8章	神雷特別攻撃隊 jinrai──divine thunder

87	付録 appendices
98	一式陸攻を装備した日本海軍部隊 昭和16(1941)〜20(1945)年
100	特設飛行隊

49	カラー塗装図 colour plates
104	カラー塗装図 解説

chapter 1

「陸上攻撃機──陸攻」の概念
the rikko concept

　第二次世界大戦の主要参戦国のうちで、日本は戦略的な航空攻撃力を陸軍よりも海軍のほうが多く保有していたという点で特異な存在であった。日本海軍航空隊は誕生した時点では、特段そういった特殊な存在では無かったが、太平洋戦争の始まる時点では、軍航空の大半の戦力を占め、より近代的かつ潜在力のある航空兵力に成長していた。この特殊性のかなりの部分は、1930年代に海軍航空が開発した「陸上攻撃機」(陸上基地から発進する攻撃機)、略して「陸攻」といわれる機種の発達に起因している。

　第二次世界大戦中、他の国々、とりわけ米国では、海軍や海兵隊が陸上基地から相当数の爆撃機を作戦に運用した。しかし、これらの多くは元々は陸軍用に開発された機体を改造し、ほとんどの場合、哨戒爆撃の任務に使用したくらいで、本来の戦略爆撃といった任務は陸軍に任せていた。日本ではこうした事例と異なり、海軍が戦略的爆撃の主導権を握ることになった。

　昭和7(1932)年、海軍航空本部技術部長の要職にあった山本五十六海軍少将は、西欧の海軍航空戦力に匹敵する我が国自前の技術力を身に付け、ひいては日本の航空機生産力を高めるための「三年計画」という大掛かりな案に着手した。この計画によって、日本海軍航空の技術力は世界の水準に到達し、「七試」から「九試」に至る列強に劣らない傑作機が生み出された。

　これらの多くは、従来の海軍航空機の延長線上にあるものだったが、独特な新しい概念も含まれていた。それが陸上攻撃機である。日本海軍の用語によれば、「爆撃機」が単に爆撃を行うのに対し、「攻撃機」というのは爆撃を行うだけでなく、航空魚雷による雷撃も行う航空機のことを意味した。

　航空本部長であった松山茂中将の発案により、この陸上攻撃機は多座、多発機とし、日米艦隊決戦の最終局面において、味方艦隊を支援し、敵戦艦群を遥か後方の陸上基地から、爆撃、雷撃することが可能な機種として構想された。

飛行中の一式陸上攻撃機一一型(G4M1)を前下方から見る。「葉巻型」と呼ばれた、特徴ある丸々とした外観がよくわかる。連合国航空技術情報部によって「ベティ」と名付けられた一式陸攻は、第二次世界大戦において、敵味方を問わず、最もよく知られた日本の爆撃機であった。この機体では爆弾倉の弾扉が付いていないことに注意。この形式は後期型の二二型が登場するまで、標準的なものであった。他の多くの爆撃機と異なり、一式陸攻の初期の型では通常の開閉式の弾扉は装備しておらず、爆弾や魚雷といった兵器は常に外気に曝され、爆弾倉の内側後端には気流が乱れないよう、整流板が設けられていた。偵察飛行に出撃する場合には、爆弾倉を完全に覆う扉が装着された。(via Bunrindo KK)

松山航空本部長は、山本技術部長以下の部員に対し、必要な研究と開発を命じ、昭和9（1934）年、三菱重工に対し、九試中型陸上攻撃機の試作指示を行った。その結果、九試中攻は九六式陸上攻撃機（G3M）として昭和11（1936）年に海軍に制式採用された。この機体は後に太平洋戦争で、連合軍から「Nell」というコードネームで呼ばれた。

　九六陸攻は全金属製の応力外皮構造で、引き込み式の主脚をそなえ、日本海軍にとっては双発の陸上機で世界的にも最新の性能をもつ初の爆撃機となったのである。とりわけ九六陸攻は太平洋において、艦隊作戦を支援しうる、長大な航続力を有していた。

　最初の生産型となった一一型（G3M1）は、800kgの荷重状態で1540海里（2852km）の飛行が可能であった。ほぼ同時期のハインケル（He111B）と較べると、He111Bはほぼ倍の爆弾搭載量があったが、わずか910kmしか飛べなかった。

　昭和11年4月、最初の陸攻部隊となった木更津海軍航空隊の開隊の直後、海軍航空本部の教育部長であった大西瀧治郎大佐は、新しい部隊の視察を行った。大西大佐が新しい九六陸攻について、率直に満足感を吐露したことに対し、木更津空の飛行長であった曽我義治少佐は、「そう満足ばかりしてはいられないでしょう。飛行機というやつは、今日の駿馬が、明日はすぐ駄馬になってしまうものですから、早く次の試作機の設計にかかる必要があると思います」と反駁したという。

後継機の計画
Designing the Second Generation

　九六陸攻の後継機の計画は、非公式には昭和12（1937）年半ばにはじまり、その年の9月末には正式な試作指示が出された。今回の試作も三菱重工との単独契約で、仮称十二試陸上攻撃機（G4M1）と呼ばれ、次のような基本要求がなされた。

　最高速度　高度3000mで時速215ノット（398km/h）
　最大航続距離　2600海里（4815km）
　荷重時航続距離　2000海里（3704km）
　兵装　基本的に九六陸攻と同等
　搭乗員　7〜9名
　発動機　金星1000馬力×2

　これらの要求は非合理的なものに思えた。航空本部が要求したのは双発で、九六陸攻と同等のエンジンを使い、荷重状態で速度を27ノット（50km/h）、航続距離を460海里（852km）伸ばせ、というものであったからである。

　航続力の大きさにのみ固執し、開発者にその他の選択の幅を与えない用兵者の態度は、将来この種の飛行機にとって本当に何が必要となるのか、という明確な洞察力に欠けていたとしか思えない。しかし、これまでもさまざまな不可能を可能としてきた三菱の技術陣は、試作指示を応諾することにした。

　十二試陸攻が最終的に制式採用されることになったのは、海軍側の理不尽な要求になんとか応えようとした、三菱側の聡明かつ懸命な努力の賜物であったといっても過言ではない。

　本庄季郎技師が設計の主務者となったのは、当然の成り行きであった。彼は、九六陸攻の設計主務者であったばかりでなく、その前身となった八試特

編隊を組んで飛行する元山空の九六式陸上中型攻撃機。昭和15年頃と思われる。最終的に一式陸上攻撃機として採用される十二試陸上攻撃機は、昭和11年に採用された九六陸攻の後継者として開発された。12年から16年にかけての日中戦争の主力機として知られる九六陸攻だが、新型の一式陸攻とともに17年を通して作戦に参加、18年までには前線から姿を消した。背面に装備された大きな亀の甲羅のような20mm銃座は、後期型になって追加装備されたものだが、同様な銃座は一式陸攻の尾部銃座に引き継がれた。(via Edward M Young)

殊偵察機（G1M1）の主務者も務めた。氏はこの時点において、日本で爆撃機の設計に関して、最も経験のある航空技師であったといえよう。基本的なデータを勘案して、本庄技師は海軍の過大な航続距離の要求に応じるためには、常識的にいって、四発エンジンの機体しかない、と考えた。最初の海軍と三菱の十二試陸攻に関する協議の席上、本庄技師は、仕様書の見直しを要求するとともに、四発エンジンの採用を強く主張した。

　最初の設計案の提案の際、会議に先立って本庄技師は四発エンジンのラフスケッチを黒板上にチョークで描いていた。このとき会議の座長であった海軍航空本部の技術部長和田操少将は、すさまじい剣幕で、「海軍が用兵上の必要を決める。三菱はただ海軍の要求どおりに黙って双発の攻撃機を造ればいいのだ。すぐに黒板の絵を消せ」とどなりつけた。こうして本庄技師の四発案は費え去った。

　実は三菱の本庄技師ら設計陣には知らされていなかったが、昭和12年の段階で海軍は、中島飛行機に十二試陸攻の後継機を製作させるべく、非公式に接触していた。

　昭和12年10月、和田少将は航空本部の技術部長に任命されると、すぐに中島飛行機にダグラスDC-4E旅客機の試作機の製造権を、表向き大日本航空運輸の民間飛行に使うということで米国から買わせる手配をした。このDC-4Eは、実際は海軍の最初の四発陸上攻撃機の原型となるもので、最終的には深山（G5N1）となった。結局、深山はどうしようもない失敗作に終わってしまう。

　十二試陸攻の主要な試みのひとつに後部の20mm機関銃があった。この要求は昭和12年12月3日に三菱に対して出された詳細な試作要求に含まれていたのであるが、これはこの年の夏に始まった日中戦争での厳しい戦訓に基づくものであった。その結論は昭和13（1938）年4月に、十二試陸攻の最後尾に直接操作の銃座を置く、ということで決まった。

　尾部銃座の採用と、最新の航空力学の研究とが相俟って、新しい機体の断面形は真円に近く、側面形は流線形となり、あたかも葉巻を彷彿とさせるような形となった。しかし、本庄技師と設計陣は、もっと無粋に彼らの作ったものを「なめくじ」と呼んでいた。

　海軍が双発の形態にこだわったことからくる制約のため、設計陣は4900リッターに及ぶ燃料をどこに詰め込むかという、深刻な問題に直面した。本庄技師の答えは、機体構造物自体を燃料の容器とするインテグラルタンクを採用する、というものであった。インテグラルタンクを採用するために、主翼の桁は前桁・後桁の2本構造とされ、その桁の間に翼弦の幅の外板を折り曲げ

太平洋戦争緒戦期に撮影された、鹿屋航空隊の一式陸攻一一型。南東アジア方面で作戦行動中である。一一型の通常の兵装は、九一式航空魚雷1本か、爆弾であれば800kg爆弾×1または500kg爆弾×2、250kg爆弾×4、60kg爆弾×12といった組み合わせであった。(via Robert C Mikesh)

地上における一一型の機首正面。この角度からは、前部透明風防直後にある、平面ガラスをはめ込んだ機首下面の爆撃手用窓がはっきりと見える。この平面窓が、一式陸攻の側面形で機首下面のラインを特徴づけている。(Author's Collection)

ただけの箱を挟み込むかたちとなった。この箱は防漏が施され、そのまま燃料タンクとなる。このタンクの上下が直接、翼の上面と下面の壁となっている構造である。

　本庄技師があらかじめ強調していたように、この機体は敵の銃火に対してきわめて脆弱であった。機体内部に燃料タンクを設ける、という従来の方法を採れば、防弾装置を施すこともできたが、そうすると搭載できる燃料は、要求値を下回ってしまう。海軍はこの設計方法がもたらす危険性を受け入れても、航続距離と航続時間は絶対に譲れないと主張した。

　このことは、日本海軍の用兵思想において「攻撃」が他のいかなるものにも優先する、ということを如実に示しているといえよう。海軍としては防弾のためインテグラルタンクにゴムを貼ることによって、重量が300kg増加することを嫌がったのである。搭乗員も攻撃時の性能や、航続距離にのみ固執し、爆弾や燃料の量をそれ以外の本質的でないもの、すなわち防弾などと引き換えにすることを強く拒否した。防弾を等閑視してもよいということは、中国において作戦行動が高高度となり、また緊密な編隊を組むことである程度敵の攻撃を回避しうる、さらには効果的な掩護戦闘機が随伴することで損害を劇的に減らすことができる、ということで証明されたかに見えた。

　用兵者にとっては、これらの対策を講じることで損害は食い止めることができ、機体そのものの防弾は必要ないように思えたのである。しかし、この中国における戦訓、評価の誤りが、後に多くの陸攻搭乗員の命を奪うことになる。

　本庄技師にとって、成功の鍵のひとつは、海軍によって指定された1000馬力級の金星エンジンに替っ

て、三菱が開発中だった、より強力な星型エンジンに変更することを認めさせたことにある。海軍はこの変更に何ら異議をはさまず、後に火星一一型と呼ばれるようになる新しいエンジンは、昭和13年9月に軍の審査を通過した。離昇出力1530馬力の14気筒複列星型エンジン、火星によって、設計陣は以前の金星では不可能と思われた、要求性能に到達する現実性を得た。

　昭和14（1939）年10月23日、十二試陸上攻撃機は、名古屋の北にある各務ケ原飛行場で、三菱の志摩勝三、新谷春水両操縦士の手によって、最初の試験飛行を行った。操縦性と安定性に若干の問題点が見られたが、こうした問題点の改修は試作2号機以降に委ねることとし、昭和15（1940）年1月24日に最初の機体は海軍に領収された。

　垂直尾翼を増積し、補助翼にバランスタブを付加した2号機は、昭和15年2月27日から各務ケ原で試飛行を行った。さらに補助翼に多少の手が加えられた後、三菱のふたりのパイロットは、操縦性、安定性ともに問題なし、と所見を述べ、この機体は3月15日に海軍に領収された。

　試験飛行の過程で、十二試陸攻は、最高速度240ノット（445km/h）、無荷重で3000海里（5556km）の航続距離を記録した。これらはともに要求性能を上回っており、海軍を狂喜させた。

「翼端掩護」
'Wingtip Escort'

　日本海軍新型陸上攻撃機の量産に向けて、すべての条件が揃ったかに思えた昭和15年春、中国における事件がふたたびその計画を頓挫させてしまった。同年5月17日、日本海軍は130機の九六陸攻をもって、中国の戦時首都である重慶と、四川省の成都に対して4カ月にわたる攻撃を実施するという、101号作戦を開始した。これらの目標は海軍の九六式艦上戦闘機の航続距離の外にあったために、陸攻部隊はふたたび戦闘機の掩護無しに作戦を行わざるをえず、損害はうなぎのぼりに増えていった。

　戦訓によれば、防御隊形でV字型の編隊を組んだ際、その一番外側の機体が最も攻撃にさらされ、被害が大きいことが判っていた。十二試陸攻の傑出した性能を知った海軍は、これに掩護用の銃座を新たに設け、編隊のその位置に飛ばすことを考えた。

　三菱側はこの掩護機の案に強く反対したが、海軍は譲らず、掩護機30機を本来の陸攻に先だって生産することを決めてしまった。広く「翼端掩護機」と呼ばれる武装機は、公式には十二試陸上攻撃機「改」と称され、G6M1というコードが与えられた。本来の陸攻に対して、20mm機銃座の追加と、燃料タンクの部分的な防弾が施された。

　最初の十二試陸攻改2機は、昭和15年8月に完成したが、三菱はこの機体が検査に合格しないだろうと警告していた。十二試陸攻の本来の飛行性能は、新しい機銃座を付加したことで悪化し、なによりも重心位置が後方に移動してしまったのである。米国もまた、後にYB-40とXB-41の武装機で同じことを知るのであるが、この時点で十二試陸攻改の全体的な行動能力は元来の十二試陸攻と隔たりすぎ、ふたつの型式の機体で緊密な編隊を組んで行動するのはほぼ不可能である、ということに気づいたのである。

　皮肉なことに、昭和15年8月には、三菱零式艦上戦闘機、略して零戦が九六艦戦の優秀な後継機として戦線に登場、中国奥地の目標をも行動範囲に

収めたのである。昭和15年9月13日の重慶での劇的な初空中戦以降、陸攻にとっての困難は除去された。(9月13日の空中戦については、本シリーズ第1巻『日本海軍航空隊のエース 1937-1945』を参照)。

翼端掩護機の計画は、本来の一式陸攻(G4M1)が生産に入るのをほぼ1年も遅らせ、また、海軍の基本的に誤った航空機の防御に対する考えを露見させた。武装をはずされた翼端掩護機は昭和16(1941)年4月に一式大型陸上練習機一一型(G6M1-K)として採用され、陸攻搭乗員の移行訓練に使われた。

さらに後、これらの機体のほとんどは輸送機に転用され、搭乗員用に5つの座席と、20の座席が内部に設けられた。昭和16年10月には一式陸上輸送機一一型(G6M1-L)として採用され、落下傘部隊の輸送に使われる予定であったが、実際には航空部隊の輸送や、艦隊司令部の輸送に用いられた。

領収開始
Service Acceptance

昭和15年12月、やっとのことで一式陸上攻撃機(G4M1)の生産機は完成した。無荷重状態での重量は、最初の試作機の6480kgから7000kgに増加していたが、飛行性能は素晴らしいものであった。最大速度は231ノット(428km/h)に達し、攻撃荷重状態で航続距離は2315海里(4287km)に及んだ。その航続力は同時期の外国の双発爆撃機を遙かにしのぎ、むしろ四発の重爆級に匹敵していた。横須賀航空隊における審査飛行は円滑に進み、G4M1は昭和16年4月2日に一式陸上攻撃機一一型として制式採用され、実用に供されることになった。

昭和17(1942)年3月、火星一一型の過給器を大型化した火星一五型が通算241号機に試験的に装着された。公式にはこの機体は一一型のままで(しばしば誤って一二型といわれているが)、火星一五型を装備することで高空性能が向上した。1942年8月に生産された通算406号機以降は火星一五型が標準装備された。試験機では気化器の空気取入口は分割され、エンジンカウリングの上面に装備されたが生産型では採用されなかった。外見的には火星一五型を装備した一一型は初期の火星一一型を装備した機体とは区別することはできない。

一式陸攻に防火装置を備えようという試みは初めから徒労であるということが判っていた。すなわち第1、第2燃料タンクの後ろに二酸化炭素の薬室と消火装置を設置してみたが、ほんのわずかな損傷に対しても役に立たないことが判った。昭和18(1943)年3月以降生産にされた通算635号機からは主

3空で輸送用に使用された、一式陸上輸送機(G6M1-L)。よく知られた写真である。3空は台南空と並んで東南アジアの調定作戦に参加した零戦部隊であった。X-902号機は「中国迷彩」と呼ばれた初期の緑と茶の迷彩塗装を施されており、昭和17年、セレベス島のケンダリーで撮影されたものと思われる。開発に失敗した「翼端掩護機」のG6M1から改造された同機は、G4M1の特徴である機首の透明風防直後にある平たい爆撃照準窓が付いていない。そして初期型のG4M1は機首両側の窓が2列しかない。また後部胴体の昇降口は、通常の一式陸攻では円形だが、この型では小判形になっていることにも注意されたい。(via S Nohara)

翼下面の外板に厚さ30mmの積層ゴム板を貼り付けることにした。この加工によって最高速度は5ノット(9.3km/h)低下し、航続距離も170海里(315km)減じることを余儀なくされた。翼の上面に対しては、なんらの対策も講じられなかった。

　5mm厚の小さな装甲板2枚が尾部銃座の後ろに付けられたが、これは銃手を守るためではなく、20mm機銃の弾薬を保護するためのものであった。この装甲板は、7.7mmの銃弾さえも防ぐことのできないようなしろもので、ほとんどの場合、現地部隊で外されてしまった。

　そのほかの変更として、プロペラにスピナーが付けられたほか、エンジンの排気管がわずかばかり長くなるとともに、昭和18年の春からは尾部銃座のガラス部分の後端部を切断して、銃手の射撃視界を広くすることが試みられた。同年の8月には、尾端が再設計され、窓枠が減らされ、広くV字型にカットされた機体が導入されるようになった。さらに9月からは通算954号機以降、エンジンの排気管は単排気管となった。

　一一型の生産は昭和19(1944)年1月まで続けられ、その総生産機数は1170機に及んだ。2機の試作機と、十二試陸攻改30機を含む総生産機数は1202機になる。

■ 一式陸上攻撃機二二型
G4M2

　一式陸上攻撃機二二型(G4M2)は基本的には水メタノール噴射装置をもつ、離昇出力1850馬力の火星エンジン二一型を搭載した機体のことをいう。この機体は、当初暫定的に一二型と呼ばれていたが、後に二二型となった。エンジンは単排気管を備えた新しい形状のカウリングに収められ、一一型の3枚ペラに替って、4枚の恒速プロペラを駆動する形になった。

　背面にあった手動式の7.7mm銃座は、20mm銃を備えた動力式回転銃座となり、昭和17年11月に完成した。攻撃時の標準重量は一一型の9500kgから12500kgに増加した。

　また主翼はほとんど全面的に再設計され、翼厚を増した層流翼となった。この結果、翼に収容される燃料の量は6490リッターに増加した。これらの燃料の多くは、またしても主翼下面のみにゴム板で防弾が施されたインテグラルタンクの中に収められることになった。水平尾翼は補強されると同時に、面積が増積された。三菱は一一型と、多くの変更を加えられたG4M2を区別させるために、水平尾翼、垂直尾翼、尾翼の安定板、方向舵の翼端をいずれも丸くした。尾輪は最初引き込み式とされたが、後にまた固定式に戻った。

　機首の7.7mm銃座のある回転風防は動力式となり、コクピットの前から機首にかけてのガラス窓が大きくなった。そして機首の両側には7.7mm銃の装備が可能なように、支持架が設置された。尾部銃座は一一型の

一一型後期生産型のエンジンカウリングをクローズアップで見る。昭和18年9月以降に生産された通算954号機から、写真のような単排気管型となった。
(National Archives via S Nohara)

二二型(G4M2)の初期生産型。昭和19年、神ノ池で撮影された762空所属機。この型は背面の回転銃座に初期の銃身の短い九九式20mm1号銃を装備しているが、機首と胴体側面はあいかわらず7.7mm銃である。機首の風防が円形断面のこのタイプは二二型の104号機まで生産され、三菱製造番号2105号機以降は風防の一部が平面になった。
(via S Nohara)

後期生産型と同じ、V字の切れ込みが入ったものが使用されたが、胴体中央、左右に張り出していたスポンソン式の7.7mm側面銃座は平滑な窓の形式に改められた。さらに尾部銃座の申しわけ程度の防弾装甲板に加え、背面の砲塔にも10mmの装甲板が付けられた。

二二型の初飛行は、三菱製造番号2001[M2の1号機の意]号機によって昭和17年の12月7日に行われ、さらに3機の試作型が作られた。この試作機はそれまでのG4Mのなかでは最高となる3031海里(5613km)の航続距離を記録、また最高速度も236ノット(437km/h)に達した。

二二型の最初の生産型は製造番号2005号機として昭和18年7月に完成したが、改造によって多くの問題点が生じており、さらに6機の試作が追加された。最も深刻だったのは火星二一型の振動問題で、結局これは最後まで解決しなかった。

三菱の資料によると、二二型は65号機以降、張り出し型の爆弾扉を付けていたことになっているが、後には取り外された模様である。105号機以降は、機首の回転風防に夜間爆撃用に光学的に平面のガラス窓が設置された。

派生型
Variants

二二型甲は三式空六号電波探信儀を装備、胴体中央の7.7mm銃を九九式1号20mm銃に換装した。胴体銃の銃座の位置はたがいちがいになるように再

昭和19年初めにフィリピンのクラーク・フィールドで撮影された、二四型乙(G4M2A)。エンジンカウリングの上部に気化給器の取入口が独立している点が二四型シリーズの特徴である。乙型はまた長銃身の九九式2号銃を回転銃座に装備、また側面の銃座も20mmとなったが、機首のみは7.7mmのままであった。
(National Archives via Dana Bell)

終戦直後、横須賀航空隊に列線を敷く三四型乙(G4M3A)。三四型シリーズの最も顕著な特徴は、B-17に似た尾部銃座と、水平尾翼に上反角が付けられている点である。主翼の付け根には小さなフィレットが設けられたが、最も重要な変化は、主翼が単桁構造となり、燃料タンクに全面的な防弾が施されたことである。この型は終戦間際に、輸送や対潜哨戒といった限定された任務についただけであった。
(National Archives via S Nohara)

設計され、胴体右側の窓は左側に較べて、大分後方に移動した。

二二型乙では背面砲塔の銃座を九九式1号から、長銃身の2号銃に変更した。

振動問題を解決するために、火星二一型エンジンのギアの減速比を変更した火星二五型が採用されることになり、最初に装備した製造番号2501号機［二四型については、三菱は2501からの製造番号を割り振っている］は昭和19年5月22日の試飛行で、性能を向上させ最高速度は243ノット(450km/h)となった。この改良型は一式陸上攻撃機二四型(G4M2A)として生産に入った。その他に変化した点として、気化器空気取入口がエンジンカウリングの上に付き、爆弾倉の扉は標準装備となった。他の部分は基本的に二二型と変わらなかった。

二四型の派生型は、機首に電波探信儀を付け、胴体中央部の銃を二二型甲と同じ20mmとした、二四型甲がある。また二四型乙は二二型乙と同じく、背面砲塔の20mm銃を1号から2号に換装したもの。二四型丙は機首の7.7mm銃を二式13mm銃に改め、この機銃が電探のアンテナの位置に替って設置されたため、アンテナ柱は機首の回転風防の上に移された。

二四型丁は爆弾扉を取り外し、有人ロケットの特殊攻撃機桜花を懸吊できるようにしたものだった。この機体は搭乗員用の装甲板と、胴体の燃料タンク、燃料コックにも防弾鋼板を施し、同様に翼内の2番タンクに四塩化炭素［電気に対する絶縁性がある不凍性の液体で、消火効力の大きい薬剤。毒性があるため、現在、日本では生産していない］の液層を設置した。

数は少ないが、以下のような改良型も作られた。二五型(G4M2B)は火星二七型を搭載、二六型(G4M2C)は燃料噴射ポンプを付けた火星二五型乙を装備、二七型(G4M2D)は空技廠によって製作され、排気タービン過給器付きの火星二五型ルを装備したものだった。二二型は429機が、すべての派生型を含んだ二四型は713機が生産され、それは1945年7月まで続けられた。

一式陸上攻撃機三四型
G4M3

三四型(G4M3)は実戦に参加した最後の量産タイプで、航続距離は減少したが、燃料タンクの内側に防弾を施した画期的な型であった。このため主翼の構造は再設計され、主桁のみの単桁構造となり、主翼の付け根には小さなフィレットが付くことになった。火星二五型を搭載した試作型、三菱製造番号3001は昭和19年元旦に初飛行した。主翼下面のゴムの防弾膜が除去された

ことで、最高速度は259.7ノット(481km/h)を記録した。胴体側面の7.7mm銃座は二二型の各型と同じように20mm銃に換装され、また尾部の銃座は新しく再設計されて、B-17のような外観となった。胴体の全長はこのことでいくぶん短くなり、重心位置が前方に移動したため安定性に影響が出たが、これは水平尾翼に上反角を付けることで解消された。

一式陸上攻撃機三四型として昭和19年10月に生産に入ったG4M3Aは、名古屋地区を襲った東海大地震と、空襲によって大きく生産が遅滞した。名古屋での三四型の総生産数は、終戦までに90機が完成したにすぎず、岡山県水島工場で予定されていた生産も、終戦前にようやく1機が完成しただけだった。

派生型としては前述した二二型乙や二四型乙と同じように作られた三四型乙があり、二四型丙と同じ構造の三四型丙も作られた。最終的に三菱は排気タービン付きの三七型を計画中であった。

chapter 2
運用の開始
into service

昭和16(1941)年初めの時点で、日本海軍は陸上攻撃機を運用する部隊として6個航空隊を有していた。6個航空隊とも常設航空隊と呼ばれるもので、原隊基地の地名を冠し、平時の軍の編成に沿っていた。

そのうち、木更津、鹿屋両航空隊が最も古く、昭和12(1937)年8月、九六式陸上攻撃機を用いて最初の戦闘となる渡洋爆撃に参加したことを誇りとしていた。

東京湾の東岸に位置する木更津空は、昭和13(1938)年からは部分的に、そして昭和15(1940)年1月からは全面的に陸攻搭乗員の養成部隊としての機能を果たすこととなった。木更津は長大な滑走路を有し、大型機の使用にはうってつけであり、陸攻隊揺籃の地として陸攻搭乗員にとっては特別な場所であった。一方、九州の南端にある鹿屋航空隊はつねに前線基地としての機能を果たしていた。

さらに南、明治28(1895)年から日本の領土となっていた台湾の高雄には高雄航空隊があった。千歳航空隊は北海道にあり、北辺の守りについていた。昭和15年の後半にはふたつの新しい陸攻部隊が編成された。北海道の北部にある美幌航空隊と明治43(1910)年に日本に併合された朝鮮の元山にある元山航空隊である。

増大する陸攻兵力の戦略的運用を一元化し、集中使用するため、昭和16年1月15日には第11航空艦隊が編成され、前線にある海軍の陸攻部隊はこの航空艦隊に直接指揮、運用されることになった。

昭和16年4月10日には第1航空隊と第3航空隊という航空部隊が陸攻部隊

として新編された。このふたつの航空隊は、常設航空隊に対して数字で呼称される「特設航空隊」と呼ばれるもので、一時的に特定の任務に従事するものとされた。1空は鹿屋で、3空は高雄で編成された。

「～航空隊」はしばしば「～空」と省略されるが、日本海軍航空隊の戦術上の機軸となる組織である。航空隊は航空機と搭乗員の飛行機隊（文字通り飛行機の部隊を表すが、ときに縮めて飛行隊と呼ばれる）と、航空機材の保守、整備や基地の機能をつかさどる地上部隊からなる巨大で統合された組織である。

航空隊のすべての人員は分隊と呼ばれる一団に属している。飛行隊においてはそれぞれの分隊はひとつの中隊の航空機を飛ばし、かつ保守するための必要な人員から構成されている。したがって分隊の人数は部隊の作戦の役割や使用している航空機の種類によって異なってくる。

海軍の航空関係者は、中隊と分隊をほぼ同じ意味で混同して使うことが多いが、厳密にいうと分隊は人の組織のことであり、中隊は飛行機の組織、ないしは飛行機の運用形態のことである。したがって地上における分隊長は空中では中隊長になる。陸攻の場合、通常の中隊は9機プラス3機の予備機から成るのが標準である。

戦術上の最も小さい単位が3機からなる小隊である。1個航空隊における中隊の数はいろいろ違いがあるが、通常は3～6個中隊で編成される。飛行隊における上級士官は、通常の状態では空中では最上級士官となる飛行隊長であり、普通は少佐が任じる。その上級は飛行長であり、通常中佐である。飛行長はたいてい航空隊の序列の中では大佐が任じる航空隊司令の次席であり、副官を兼ねる。

昭和16年5月、その当時最も錬度が高いとみなされていた高雄航空隊は、最初に一式陸上攻撃機への機種改変を行った。次に一式陸攻を受領したのは木更津航空隊であり、7月から8月にかけて数機が訓練の目的で送られた。このことで木更津空の搭乗員はG4M1に速やかに慣れることができた。

■戦線への登場
Combat Debut

昭和15年に中国で実施された101号作戦で、日本側は中国国民の空襲に抵抗する意志が強靭かつ持続的であることを思い知らされた。日本軍機は中国の空を制圧していたが、蒋介石政権は和平を求めるようなそぶりなどみじんも見せなかった。

昭和16年7月、日本海軍は102号作戦を開始した。11航艦に所属するほぼすべての陸攻、およそ180機は一時的に支那派遣艦隊の指揮下に入り、ふたたび重慶、成都および付近の四川省の目標に対し激しい攻撃を加えるため漢口に集結した。

この時期、日米関係は極度に悪化しつつあり、日本としては中国を叩けるうちにたたいておこうと決心したのであった。

この配置に従い高雄空は7月25日、予備機3機と定数27機の計30機の新型一式陸上攻撃機をもって漢口に進出した。2日後の27日、102号作戦の最初の指令により成都に対する攻撃が行われたが、このとき中国側は空中での抵抗は行わなかった。

前年の夏、零戦が中国に現れて以降、空中でその敵に対して行った徹底的

な破壊により、中国軍は故意に新しい戦闘機との戦闘を避けていた。航空戦はあたかもネコとネズミの追いかけっこの様相を呈し始めていた。日本が巧智をつくした策略で、逃げ回る中国機を捕まえようとするのである。中国軍機は、戦闘機の掩護なしの爆撃機だとはっきりしているときにのみ、現れて戦いを挑んだ。

日本軍は零戦が夜明け直前に敵の基地にたどり着ければ、見張りにみつからないか、あるいは爆撃機と誤認されて迎撃してくるので、日の出とともに地上の中国軍機を捕捉できると確信していた。しかしいかに戦闘機の搭乗員の技量が優れていようとも、夜間に編隊を組んで彼らだけで遠距離を進攻することは、非常に難しいことであった。しかし一式陸攻の登場がこの難問を解決してくれた。

日本近海で雷撃訓練を行う鹿屋航空隊の一式陸攻。昭和16年10月に行われたときのものと思われる。太平洋戦争開戦時、鹿屋空は最も練度の高い雷撃部隊と目されていた。(via S Nohara)

一式陸攻の巡航速度170ノット(315km/h)というのは、零戦の巡航速度とほぼ同じであり両者は緊密な編隊を組むことが可能となった。鈍足の九六陸攻と零戦が編隊を組むのは難しかった。このことによって高雄空の一式陸攻を誘導する母機として、暗いうちに零戦を出撃させる計画が可能となった。

この計画は大規模な102号作戦のひとつとして「オ」号作戦と呼ばれ、8月11日に実施された。前日には12空の20機の零戦が中国軍の占領境界間近の孝感に進出。瀬戸與五郎大尉の指揮する9機の一式陸攻は11日の午前1時35分、漢口を離陸し孝感をめざした。陸攻がほぼ一列になって孝感上空に達したとき、零戦隊は暗い中を離陸し陸攻部隊と編隊を組んだ。2機の陸攻［高雄空戦闘詳報によれば3機］と4機の零戦は攻撃目標を漢中、広元に転換して変針した。残りの機は成都に午前5時5分に到着した。

このとき、日本軍機接近との情報により、中国空軍の第1大隊と第2大隊のツポレフSB-2(もしくはSB-3)爆撃機は、零戦の到着前に間に合うように文昌の基地から退避した。しかし爆撃機のみの行動と信じきっていた第4大隊のポリカルポフI-153複葉戦闘機が双遙から緊急発進してきた。

零戦が機銃掃射しようと降下してきた午前5時30分までに、6機の迎撃機が離陸した。しかし、最後の第4中隊4機は間に合わず地上で捕捉された。文昌では離陸しそこねた2機のツポレフを破壊、空中では一式陸攻と零戦とで5機のI-153を撃墜したと報じた。中国側の記録によれば2名が即死、3人目が着陸時大破して重傷を負い、後に死亡した。さらに4人目は故障のある戦闘機で着陸する際に大破、戦死した。日本側の戦死者は皆無だった。

この作戦で一式陸攻は、零戦の誘導という任務に徹し爆弾は投下しなかった。「オ」号作戦において特筆すべきは海軍航空隊の搭乗員、特に戦闘機乗りたちによって示された技量の高さである。英国の各基地飛行場からハンブルクまでの平均距離よりも遠い、孝感から重慶までの距離を、日本の搭乗員は単座戦闘機で夜間編隊飛行し、目標への攻撃を行った後、また同じ距離を戻ったのである。そのような信じられないような行動を昭和16年に行っていたのだ。

双発の陸攻に到っては、ロンドンからベルリンまでの直線距離よりさらに47マイル(76km)も遠い漢口から直接飛来した。作戦距離に関していえば極東における空の戦いは、ヨーロッパとはまったく異なった規模で行われていたのだということを強く思い知らされる。

　102号作戦は当初の計画では3カ月間続く予定であった。しかし中国の外側の極東情勢は、一触即発の状況になっていた。昭和16(1940)年7月、日本軍が南部仏印に進駐したことに対し、米国は自国内における日本資産の凍結を宣言し、オランダとイギリス連邦は日本に対する禁油措置を取るにいたった。

　日本の対外膨張政策を阻もうとするこの試みは逆に、枯渇する前に蘭印から石油と天然資源を手に入れようという日本の計画に拍車をかけることになった。102号作戦の終了期限は8月31日に早まり、漢口にいたすべての陸攻部隊は本土の原隊へ、9月1日から2日にかけて帰還した。中国の空は日本陸軍航空部隊の手に委ねられ、若干の沿岸部に残された部隊を除きすべての海軍航空兵力は中国から引き揚げた。海軍の搭乗員たちは、今度は西欧列強との戦争に備えて激しい訓練を開始したのであった。

立ちこめる暗雲
Gathering Storm

　9月2日に漢口から鹿屋に帰還した後、鹿屋空は一式陸攻に機種改変した2番目の部隊となった。同時に3空は零戦を装備した戦闘機部隊に改編された。3空にあった九六陸攻は還納され、搭乗員は一式陸攻部隊となった高雄空と鹿屋空に分割、編入となり、両航空隊は6個中隊編成とその規模を増した。

　陸攻隊の戦争準備のペースは10月になって早まった。正規空母を備えた第1航空艦隊は米海軍太平洋艦隊を真珠湾で先制攻撃する任務に就くことになり、南進部隊の航空支援は11航空艦隊の陸上機が行わざるをえなくなったのである。中国のときと同じように航続距離の短い陸軍の重爆に替って、敵の懐奥深くへ攻め入るという任務を、海軍の陸攻部隊が主に担うことになったのである。

　台湾からは21航戦と23航戦がフィリピンの米軍基地を叩き、その制空権を奪い取る任務に就くことになった。仏印の22航戦はイギリスの東洋における橋頭堡、シンガポールに対する陸軍のマレー半島南下作戦を支援することになった。

　当初の計画ではフィリピンへの作戦は沿岸に置かれた小型空母から戦闘

鹿屋空の別の機体が戦艦長門に対して雷撃訓練を行っている。長門は昭和17年に大和が就役するまで、連合艦隊の旗艦を務めた。こうした訓練は16年10月から11月にかけて行われ、翌月には見事な成果をあげた。すなわち、鹿屋空を主体とする航空部隊は12月10日、マレー沖においてプリンス・オブ・ウェールズとレパルスを撃沈するのである。
(via S Nohara)

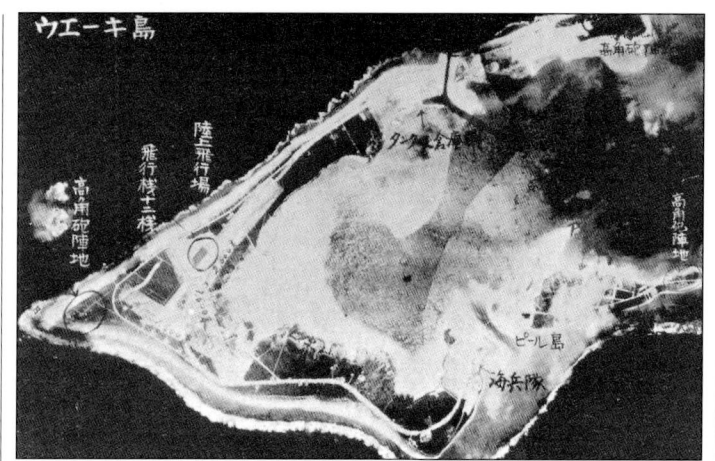

この偵察写真は、開戦前夜の昭和16年12月4日、千歳空の安藤信雄大尉が、単機の一式陸攻によって隠密に撮影したものである。日本側の写真解読者によって解説を付けるために逆にされており、下側が北になる。そのため、ピーコック・ポイントは写真の左端になる。写真解説の左から二番目にある飛行機12機とは、まさしくこの朝、到着したばかりのVMF-211のF4F-3ワイルドキャット12機である。
（via Edward M Young）

機を出撃させるというものであったが、中国での戦訓により零戦の搭乗員は500海里（926km）をマニラまで飛んだ後、直接台湾南部の基地まで戻って来られることを証明していた。したがって空母は他の任務に使われることとなり、3空と台南空の搭乗員は未だ行われたことのない、戦闘機による最も長距離の掩護進攻作戦を行うことになったのである。比較しうるような単座機による長距離進攻は、ヨーロッパでは、ようやくP-51が米陸軍第8航空軍の爆撃機を掩護してベルリンまで往復するようになる、昭和19（1944）年の春まで起こらなかった。

　しかし、ひとつの問題が残されていた。日本が戦端を開こうとしている広大な地域には異なった時間帯が併存しており、真珠湾攻撃が伝わったフィリピンの米軍は、日本の攻撃時に充分態勢を整えているであろうということだった。

　夜明けの攻撃が必須であるにもかかわらず、フィリピン沿岸の空母から発進するという選択肢は消去されており、唯一の解決策は真夜中に5時間、台湾から大編隊を組んで飛行するということであった。8月に行われた「オ」号作戦が非常に価値ある先例となっており、一式陸攻と零戦にとって、こうした行動をするうえでの実績となっていた。しかし、距離と規模の大きさという点では、「オ」号作戦の比ではなかった。

　10月31日、千歳空をその指揮下に置いた24航戦は、11航空艦隊の指揮を離れ、第4艦隊の麾下に入った。第4艦隊は、戦端が開かれた場合、中部太平洋のグアムとウェークにある米軍基地を叩く任務を担っていた。千歳空の九六陸攻は、10月後半から日本が統治するマーシャル諸島に展開を終わっていた。11月中旬には1機の一式陸攻が千歳空に配備され、安藤信雄大尉によって、クエゼリン環礁北部のロイ島（ルオット基地）から、飛行偵察が行われた。

　極東において、今にも戦争が始まるのではないか、というのは世界的に衆目の一致するところであった。10月25日にイギリスは最新鋭の戦艦プリンス・オブ・ウェールズを自国の水域から東洋に向けて出港させており、11月4日に米国はフィリピン最大の空軍基地、ルソン島のクラーク・フィールドに空の要塞と呼ばれたB-17Cを6機、B-17Dを29機配備し、12月にはさらなる増派が行われた。

　11月18日には第1航空隊が台湾の台南に移動し、4日後には鹿屋空が台南の近く、台中に展開した。この時点で第22航空戦隊の司令部は仏領インドシ

ナのサイゴンにあり、その麾下の元山空と美保空もその月の終わりまでにはサイゴンへの展開を終えていた。

11月30日、鹿屋空は急遽、部隊兵力の半分をサイゴンに移動するように命じられた。48時間前にプリンス・オブ・ウェールズがセイロン島のコロンボで、先行していた巡洋戦艦レパルスと合同してシンガポールをめざして出港したのである。輸送船の慶洋丸が鹿屋空の航空燃料と九一式航空魚雷改二、それに基地物件を積んでインドシナに向け急ぎ出港した。部隊そのものは輸送船の荷物と合同するために、それより遅れて移動することになっていた。

プリンス・オブ・ウェールズとレパルスが大きな歓呼に迎えられシンガポールに到着した12月2日、鹿屋空は部隊の移動を命じられた。鹿屋空司令の藤吉直四郎大佐は、より魚雷攻撃に習熟していると思われる第1、第2、第3中隊の36機（27機＋予備機9機）をサイゴン行きに抽出し、自らも赴いた。

当初の予定は南シナ海の台風模様の天気によって阻まれたが、部隊は12月5日に無事移動を完了した。そしてさらにその2日後、サイゴンの北東20キロにある新しい基地、ツドウムに移動した。移動には航空隊司令が随伴していたため、この部隊が公式には本隊ということになり、台湾に残留した入佐俊家少佐の指揮する第4、第5、第6中隊が分遣隊ということになった。

太平洋戦争の開戦前夜、第11航空艦隊には予備機を除いて216機の陸攻が編入されていた。これらのおよそ半分が高雄空と鹿屋空にそれぞれ54機ずつ配備されていた一式陸攻であった。残りが1空、美幌空、元山空に各36機配備された旧式の九六陸攻だった。これとは別に千歳空がマーシャル諸島のロイ島に27機の九六陸攻と一式陸攻1機をもっていた。

開かれる戦端
The Storm Breaks

昭和16（1941）年12月7日の日曜日は、米国民にとって太平洋戦争が始まった日として記憶されている。というのも、真珠湾が国際日付変更線の東側に位置していたからで、米国領のグアムとウェークは日本とアジア同様に太平洋上のその線を西にまたいでいたため、開戦を12月8日月曜日に迎えた。

開戦の最終決定は12月1日に下され、その翌日、運命の日は有名な「ニイタカヤマノボレ　1208」という暗号で全海軍部隊へ通知された。12月4日、千歳空の安藤信雄大尉の乗る1機の一式陸攻がロイを離陸し、590海里（1093

太平洋戦争において爆撃のようすを捉えた最も歴史的な写真のひとつ。昭和16年12月8日の正午少し過ぎ、フィリピンのクラーク・フィールド攻撃の際に撮影された。緊密な編隊を組んで、飛行場中央から格納庫施設へ横切った、高雄空の一式陸攻と1空の九六陸攻による2発の弾着が確認できる。写真上方に整然と並ぶのは、フォート・ストーセンバーグの兵舎。
（Author's Collection）

km)北方にあるウェーク島をめざした。約9000mの高度を飛びながら、大尉は環礁全体の鮮明な俯瞰写真を撮ることに成功した。写真にはウェーク島の防御陣地、さらにはその朝、空母エンタープライズから到着したばかりの第211海兵戦闘飛行隊(VMF-211)のグラマンF4F-3、12機も写っていた(本シリーズ第3巻『第二次大戦のワイルドキャットエース』を参照)。

　台湾からも開戦の1週間前、同じような任務を帯びた機がフィリピン上空を飛んだ。完全装備の陸攻と零戦による夜明け前の離陸を含む、最後の予行演習は12月5日に行われ、その後部隊は基地内に逼塞した。予定どおり鹿屋空の分遣隊は7日に台中から高雄に移動した。その夜、各航空隊の司令は総員を集合させ、アメリカ、イギリス、そしてオランダに対して戦端を開くことを告げた。

　12月8日のマニラの夜明けは、現地時間で午前6時9分であった。計画では第11航空艦隊の陸攻と零戦は台湾の基地を午前1時30分に離陸開始、暗闇のため編隊を組むのに多くの時間を費やした後、消費燃料を節約するため巡航速度で夜間飛行して午前6時30分、夜明け直後に目標を攻撃することになっていた。高雄空の27機の一式陸攻に鹿屋空の27機を加え、それを3空と台南空の54機の零戦が掩護し、マニラ郊外にある米空軍のニコルス・フィールド戦闘基地を叩く予定であった。さらに高雄空の残りの一式陸攻27機と1空の九六陸攻27機が台南空の36機の零戦に掩護され、爆撃機基地であるクラーク・フィールドを目標にしていた。クラーク・フィールドはニコルス・フィールドよりも50海里(93km)台湾に近かった。

　12月7日の夜半、午後10時半頃には台南地区に霧が立ちこめ始めていた。この時期、台南南部で夜間霧が出ることは珍しくなかったが、たいていは一過性のもので、長くとどまることはなかった。しかしこの夜は例外で深夜までに霧は濃く乳白色のスープのようになり、晴れる兆候は見られなかった。そして霧は30分後には高雄方面にもひろがっていった。

　12月8日午前1時、11航空艦隊の塚原二四三司令長官は麾下の部隊司令を集め、会議を開いた。その直前に傍受された米軍の無線通信を翻訳すると、米陸軍の追撃飛行隊はマニラ北部のイバとクラークを結ぶ防衛線上に展開しているという。この無線内容と霧による離陸の遅延から判断し、塚原中将は初日のマニラ地区に対する攻撃を断念した。クラーク・フィールドに対する攻撃は予定通りとされたが、ニコルス・フィールドの攻撃に選ばれた部隊は、最後の最後になってイバ飛行場という小さな目標に変更し、そこに54機の一式陸攻という巨大なハンマーを振り下ろすことになった。

　台南の霧は、午前7時50分頃になってようやく晴れ、速度の遅い1空の九六陸攻が午前8時15分に離陸を開始した。1機が離陸に失敗、26機が任務に就いた。台南から1時間後に零戦がその後を追った。高雄で霧が晴れたのは午前9時頃であった。離陸のための再調整が間に合い、9時30分に高雄空54機、鹿屋空27機の一式陸攻がうなりをあげながら離陸を開始、その後を零戦が追った。

　台湾の最高峰新高山が編隊を組んだ部隊から指呼の距離にくっきりと見えた。朝の陽光を浴びての飛行に、せっかく積んだ夜間編隊飛行の訓練は意味のないものとなってしまったが、暗闇での空中衝突を心配する代わりに、さらなる懸念が待ちかまえていた。

　真珠湾攻撃に続いて早朝、フィリピン、ミンダナオ島南部のダバオに対する

直接攻撃が空母龍驤の艦載機によって行われていた。

ルソン島北部の目標には、霧の影響を受けなかった台湾最南端から出撃した陸軍の重爆が、予定通りの攻撃を加えていた。多くの警戒警報により、米軍の戦闘機が全力で空中待機していることは間違いなかった。

飛行長須田圭三中佐が座上し、足立次郎大尉の操縦する一式陸攻に指揮された高雄空の半隊と、1機が飛行をとりやめ26機となった飛行長入佐少佐の指揮する鹿屋空の26機はイバをめざした。残りの高雄空の半隊は飛行隊長の野中太郎少佐が指揮し、クラーク・フィールドに向かう1空の九六陸攻と途中で合同した。陸攻隊は高度7000mで飛行、目標途中での空中戦を覚悟していた。しかし結果は彼らにとってまったくの肩すかしであった。

よく知られている通り、米軍戦闘機は早朝から日本軍の攻撃を迎え撃つために空中に上がっていた。しかし台湾での霧の発生を知らなかったため、この時間になっても日本軍の主だった攻撃が無かったことから、陸攻の到着したときには大部分が地上に降り、燃料の補給を行っていたのである。

クラークでは一式陸攻と九六陸攻の混成部隊が12時36分、約42トン、636発に及ぶ60kg爆弾を投下した。攻撃のパターンは完璧だった。飛行場の外に60m以上はずれた爆弾は1発もなく、爆撃とそれに続く零戦の銃撃によってB-17 12機が全壊、5機が被害を受けた。20機以上のP-40Bと、他に種類の異なる何機かの飛行機がやはりこの攻撃で破壊された。

クラークの攻撃の直後、イバも486発の60kg爆弾と26発の250kg爆弾の洗礼を受けた。7機のP-40Eが地上で破壊され、そして日本側は気づかなかったが、フィリピンにおける唯一の作戦レーダーが破壊された。米側ではこの日の空戦で6機の戦闘機を撃墜され、この一撃によりフィリピンにおける爆撃機の半数と、追撃飛行隊の35パーセントを一掃されてしまった。一方日本側は7機の零戦を喪失し、鹿屋空の一式陸攻1機が帰路基地に戻れず大破した。

■ Z部隊撃滅
The Hunt for Force Z

12月8日の夜明け前、22航戦の九六陸攻は厳しい天候を衝いて、シンガポールに第1弾を叩き込んだ。しかし鹿屋空の一式陸攻本隊は地上に留まった。戦艦プリンス・オブ・ウェールズと巡洋戦艦レパルスを中心とするイギリス東

昭和16年12月8日、イギリス帝国海軍プリンス・オブ・ウェールズはシンガポールのセレター軍港から、最後となる作戦に出港した。2日後、最強と謳われた戦艦は、鹿屋空の一式陸攻と元山、美幌空の九六陸攻によって南シナ海の底に沈んだ。
(Imperial War Museum)

イギリス帝国海軍のレパルスは同じく12月8日、プリンス・オブ・ウェールズの後を追って、ジョホール水道を通って外洋へと向かった。旺盛な士気にもかかわらず、この巡洋戦艦は写真の撮られた約48時間後、九一式航空魚雷改二によって、ついに力尽きた。
(Imperial War Museum)

洋艦隊と戦う、という特殊任務を割り当てられ、鹿屋空は攻撃の機会を窺っていたのである。

　九八式陸上偵察機（連合軍のコードネームは「Babs」）は8日、主力艦2隻のセレター軍港在泊を報じてきた。翌9日の午前9時50分には別の陸偵が、2艦が未だ軍港にいると報じ、2隻が出港してしまう前に、その晩、軍港において爆撃する、という準備が始められた。ところが午後3時40分になって、伊号潜水艦第65から「レパルス級戦艦」を午後1時45分南シナ海で発見した、という予期せぬ報せが飛び込んできた。その発見電は2時間も前のものだった。

　その朝、陸偵が撮ってきた偵察写真の見直しが緊急に行われ、陸偵の搭乗員は2隻の大きな油槽船を戦艦と間違えていたことが判明した。東洋艦隊の戦艦の存在が確認されたことで、その地域の海軍部隊は一気に活気づいた。

　イギリス東洋艦隊の司令であるトム・フィリップス大将は12月8日午後5時35分、旗艦プリンス・オブ・ウェールズに座乗、レパルスと4隻の駆逐艦を伴って、シンガポールのセレター軍港を出港した。ひとまとめにＺ部隊と称されるこれら艦船群は、タイのシンゴラ上陸を支援するため集結している日本軍輸送船団を攻撃するため、北方に向かった。

　イギリス艦隊の出撃を知って、南方派遣艦隊の司令官、小澤治三郎中将はサイゴンの陸攻部隊に対し、索敵攻撃を命じた。しかし9日のＺ部隊捕捉は天候の悪化と日没によって挫かれた。

　攻撃部隊を呼び戻し、夜間攻撃を断念した22航戦の司令、松永貞市少将は、翌日に総力を挙げて攻撃することを決めた。元山空と美幌空の九六陸攻は、爆装と雷装の混成による出撃、鹿屋空の一式陸攻は全機雷装での出撃が決められた。

　午前6時44分、鹿屋空本体の3個中隊はツドゥムから離陸を開始した。鹿屋空の一式陸攻は、九六陸攻が搭載した九一式航空魚雷改一より弾頭炸薬量が多く、浅海面に適した九一式航空魚雷改二を携行していた。

　天候は前夜より大分良くなっていたが、南に向かうにつれ、断雲が出てきた。一方、フィリップ提督は自らの艦隊が日本軍重巡洋艦の水上偵察機に発見されたために、シンゴラへの進撃を断念し、母港へと帰港するためにシンガポールを目指していた。それよりわずか前の午前10時、索敵線の3番線を飛ん

でいた元山空の陸攻がイギリス東洋艦隊を発見、10時15分に無線を発した。
「敵主力艦見ユ　北緯4度東経103度55分、針路60度」
　この無電を受信したサイゴンの22航戦司令部はただちに空中の各部隊に転電した。元山空と美幌空は最初の発見電を受信、ただちにＺ部隊へと向かった。しかし速度の速い一式陸攻で遥か南まで進出していた鹿屋空は、この無電を受信しそこなった。10時28分の時点で、鹿屋空陸攻は基地から600海里(1111km)進出しており、右手前方80海里(148km)先にはシンガポールが、そしてその先にはスマトラの海岸が望見できた。しかしＺ部隊は見つけられず、部隊はしぶしぶ反転、北を目指した。
　ツドウム基地にいた鹿屋空司令の藤吉直四郎大佐は、鹿屋空部隊が発見電を受信できていないのではないか、と案じていた。大佐は22航戦司令部に電話し、敵艦隊の位置を明確に連絡するように依頼、松永少将も平文で敵の位置を送信するよう、11時半になって命じた。鹿屋空の空中部隊はこの電文をアナンバス諸島の北西で受信することに成功、部隊はただちにＺ部隊に向かった。
　鹿屋空の飛行隊長、宮内七三少佐は第1中隊長の鍋田美吉大尉の操縦する指揮官機に乗り、26機の編隊を指揮していた。第1中隊9機の後方左側には東森隆大尉の指揮する第2中隊8機が、その右側には壹岐春記大尉の率いる第3中隊9機の編隊が、通常の編制通り、後続していた。
　編隊の下に広がる雲が、海面を覆っておりＺ部隊がいるとされた地点に到達したものの、行きすぎてしまった。そのとき宮内少佐は雲の切れ間の下の方に水上機とおぼしき飛行機を発見した。それはまさにレパルスから発艦した水陸両用のウォーラスであった。
　敵艦隊が近いと判断した宮内少佐は、編隊を雲の下に出るように指示、後続の2個中隊もそれにならった。12時15分、攻撃隊は針路を北にとり、高度800mで雲の下に出た。
　部隊が2分後に雲の塊から出たとき、距離およそ11海里(20km)、60度右前方に蒸気を吐き南東の針路をとるプリンス・オブ・ウェールズを発見した。2500m後方にはレパルスが続き、右手には戦闘序列の駆逐艦が3隻、プリンス・オブ・ウェールズの前衛にいた。
　鹿屋空の部隊が獲物を発見したとき、Ｚ部隊は美幌空と元山空の九六陸攻からの攻撃によって損害を受けていた。Ｚ部隊は11時15分から57分にかけて計32機の九六陸攻の波状攻撃を受け、レパルスが艦の中央部に最初の美幌空の高高度水平爆撃によって250kg爆弾を被弾していた。しかしその被弾にもかかわらず、レパルスの戦闘能力はほとんど減じていなかった。テナント艦長の卓抜した操艦技術によって、レパルスに放たれた両航空隊の15本の魚雷はすべて外されていた。
　一方、プリンス・オブ・ウェールズはそれほど幸運ではなかった。低空から放たれた元山空の魚雷のうち2本が艦左舷の後半部に命中、舵が作動不能となり、スクリューのシャフトも動かなくなってしまった。艦の機能のほぼ半分が破壊されて戦艦としての操舵機能を失い、後には対空火器の使用も不可能になった。ウェールズは攻撃してきた陸攻のうちの1機をなんとか撃墜したが、急激に左舷に13度傾き、速力も10ノット(19km/h)下がった。すぐに沈没するという危険こそなかったが、もはやプリンス・オブ・ウェールズは鹿屋空にとって恰好の標的であった。

最初300mほどの低空にあった雲が、鹿屋空の接近をイギリス艦隊から隠していた。しかし宮内少佐の指揮する第1中隊が8海里（15km）まで近づいたところで、急に雲が晴れ、輝く青い空が顔を出した。それと同時にZ部隊の5隻の艦艇から対空砲火の弾幕が炸裂した。宮内少佐は、翼を二度バンクし、突撃の合図をした。12時18分のことであった。

　宮内少佐は、第1中隊を率い、プリンス・オブ・ウェールズに右舷側から迫った。レパルスは速力を28ノット（52km/h）にあげて面舵をきり、近づいてくる航空機に艦首を向けた。プリンス・オブ・ウェールズの操舵能力が失われていることに気がつかなかったため、宮内中隊の第2、第3小隊長はプリンス・オブ・ウェールズが面舵を取った場合を予測して左に旋回した。しかしプリンス・オブ・ウェールズはまっすぐに波をけたてて進み続けたため、6機は素早く目標をレパルスに切り替えた。

　宮内少佐が指揮する小隊の3機はまっすぐに進撃を続け、回避行動をせず速力を落としながら進むプリンス・オブ・ウェールズと理想的に向かい合うかたちとなった。宮内小隊機が戦艦の間近に迫ったとき、鍋田機の壇上行男一飛曹は魚雷の投下索に手をかけた。しかし宮内少佐はその手をおさえ、「まだまだ」と言った。

　通常、訓練においては、魚雷の投下は目標から1000mの地点で行われていたが、宮内少佐は命中を確実にするために、その距離の半分まで行こうと決めていた。あと500mのところで鍋田機と小隊3番機は魚雷を放ち、12時20分、2本とも命中するのが視認された。1発は艦首に、もう1発は艦橋の前のあたりだった。2番機は最後の瞬間に対空砲火に視界を遮られ、投下のタイミングを逃してしまった。2番機の主操である堤善四郎一等飛行兵は艦を飛び越え、旋回して左舷から魚雷を放ったが、命中させることはできなかった。

　一方第2、第3小隊は巡洋戦艦レパルスに競うように殺到した。レパルスは陸攻が激しくバンクして舷側につこうとしたため、全力で回頭した。攻撃隊はこの競り合いに勝ち、両側からレパルスを挟み撃ちにすることに成功した。2機が右舷、3機が左舷に回った。レパルスはとうとう左舷の後部煙突付近に被雷したが、依然25ノット（46.3km/h）のスピードで航行していた。

　攻撃の途中で第3小隊長機の西川時義飛曹長機は対空砲火を受けて火を噴いたが、滞空中に火は消えた。第3小隊の2番機は、レパルスに対して良好な投下点につくことができず、プリンス・オブ・ウェールズに目標を変え、右舷に向け3本目となる魚雷を放った。

　第1中隊に続いて東大尉の指揮する8機の第2中隊がレパルスに襲いかかった。第1と第2小隊の6機は左舷にとりついた。第3小隊の2機は右舷に向かったがよい射点につけるだけの充分な旋回ができず、プリンス・オブ・ウェールズを右舷側から攻撃するために向きを変えた。プリンス・オブ・ウェールズに放たれた魚雷のうち1本が右舷側から同艦に命中した4本目の魚雷となり外側のスクリューに損傷を与え、この戦艦にとってとどめの一撃となった。しかしレパルスは未だ戦闘能力を残していた。レパルスは第1、第2小隊の放った6本の魚雷をからくもかわし、もうすこしで東大尉の乗る中隊長機を撃墜寸前まで追いやった。

　「大きな衝撃を受け、左の翼端から1.5mほど吹き飛ばされたことに気がつきました。補助翼が狂ったようにバタバタと振れ、いまにも千切れて飛んで行きそうでした。これが最後、と覚悟しましたが、どうにか波の上を這うようにし

て帰って来られました」

　最後の場面にいたのは壹岐春記大尉の率いる第3中隊の9機であった。殿(しんがり)を務めた壹岐中隊の任務は、情勢を判断しその攻撃力を最も必要としているところに差し向けることであった。プリンス・オブ・ウェールズに立て続けに起こる水柱を見て、壹岐大尉は中隊の全兵力をレパルスに差し向けることにした。

　レパルスはこの時点で操舵能力を失い、円を描きながら航行していた。壹岐大尉は小隊を左舷から攻撃に向かわせた。同時に残りの中隊の攻撃機はレパルスに右舷から近づいた。両方の攻撃隊ともレパルスから激しい反撃を受けた。壹岐大尉は自らの機の魚雷を目標まで800m、高度30mで放った。

　魚雷を投下した壹岐大尉はスロットルを全開にし、ほとんどこするようにしてレパルスの艦橋の上を飛び越した。そのとき大尉は後方を見やり、山本福松一飛曹が機長を務める小隊の2番機が真っ赤な火炎に包まれ、レパルス左舷の手前300mほどのところに墜落するのを見た。次の瞬間、中島勇壮一飛曹の指揮する3番機も同じ運命をたどった。しかし、両機とも撃墜される前に魚雷を投下しており、その2本は壹岐機の魚雷ともども命中した。

　3本の巨大な水柱がレパルスの左舷から上がった。1本は機関室の近く、1本は主砲塔のやや後ろ、そしてもう1本は船尾であった。右舷から攻撃した6機も、うち1本を「E」缶室の近くに命中させていた。勇ましい戦艦の命運は決した。そして終末は急にやって来た。テナント艦長は、2分後に総員退艦を命じ、レパルスは12時33分転覆し船尾から沈み始めた。

　プリンス・オブ・ウェールズは、ほぼ1時間近く長く生き延びたが、鹿屋空の攻撃の後にあっけない結末を迎えた。12時43分、美幌空の2個中隊の九六陸攻が高高度から放った500kg爆弾が艦の中央部に命中、戦艦の命運は尽きた。10分後に総員退艦が命じられ、戦艦は転覆、13時20分、水中に消えた。フィリップ提督とリーチ艦長も艦と運命を共にした。

　陸攻隊の搭乗員からは歓喜の声があがった。彼らはすばらしい勝利を収めると同時に、陸軍のシンガポール攻略に対する最も大きい障害を取り除いただけでなく、航空戦史上初となる、航空機のみによる海上行動中の主力艦撃滅を果たしたのである。そしてこのことで陸攻の搭乗員たちは、海軍航空隊がつねに主張してきた航空機の艦船に対する優越性というものを、最も劇的に証明してみせたのである。

　壹岐大尉の列機2機と元山空の九六陸攻1機が日本側にとって直接の被害であったが、ひどく被弾した西川飛曹長機は燃料が底をつき、ソクラトン基地近くの水田に胴体着陸した。乗員はすべて無事であった。ほかに3機の一式陸攻と、美幌空の九六陸攻1機が航空廠での修理を必要とした。

　壹岐春記大尉は次にこの戦場となった空域を12月18日に飛んだとき、波間にふたつの花束を投じた。それは撃墜された列機2機の追悼と、2隻の艦と運命を共にした乗組員のためであったという。まもなく最も野蛮な戦いとなるこの戦争も、開戦の時点では、少なくともひとりの男の心の中には騎士道的精神があったのである。

chapter 3
研ぎ澄まされた刃
on the cutting edge

　蘭印の天然資源を手に入れるということは、とりもなおさずジャワ島を占領するということが最終的な目標となるのであるが、そこへ至る道筋はふたつが考えられていた。東側からはフィリピン諸島を抜け、ボルネオ東岸、セレベスその他の島々を通り、ジャワ東部に至る道。そして西からは、マレー半島を経由してシンガポールを通り、ボルネオ島の西岸とスマトラ島南部への足場を作り、ジャワの西端に至るものである。

フィリピン
Philippines

　12月10日、鹿屋空分遣隊は悪天候によって台中に足止めされていた。しかし高雄空は全力でふたたびルソンを襲った。27機の一式陸攻が12月8日に達成できなかったマニラ南部のニコルス飛行場に向かい、同数の機がクラーク南部のデルカルメン飛行場を目指した。後者は飛行場上空の雲に阻まれ、目標をマニラ湾の艦船に変更した。掩護の任についた零戦はマニラ上空で米軍の第24追撃飛行隊の残り少ないP-40Eに壊滅的打撃を与えた。

　12月12日、台湾と海峡付近の天候は回復したが、ルソン島の一部はまだ雲におおわれていた。実際、鹿屋空分遣隊の一式陸攻27機がクラーク・フィールドの爆撃に向かったが、目標は雲で見えず、陸攻は替りに爆弾をイバ飛行場に投下した。高雄空の52機の一式陸攻も同様、ニコルス飛行場が雲におおわれていたため、バダンガス飛行場に目標を変更した。

　翌日、104機に及ぶ陸攻がルソン島のさまざまな目標を攻撃した。各26機の鹿屋空、1空はニコルス飛行場をもはや使い物にならなくなるまで爆撃、高雄空の52機はオロンガポ、イバ、デルカルメンを襲った。開戦から1週間を経ずに、日本軍はフィリピンで決定的な制空権を獲得し、もはや攻撃に値する場所を捜すことも困難だった。

　陸攻の攻撃範囲は南部フィリピンにまで及び、ついで12月18日鹿屋空分遣隊の一式陸攻 25機が、20日に予定されているダバオ上陸支援のために、台湾からパラオ諸島のペリリューに移動することでさらに広がった。12月21日鹿屋空の陸攻は彼らの新しい基地となったペリリューから出撃、ミンダナオ島のデルモンテ飛行場を襲った。

　22日、日本軍のフィリピン攻略軍本隊はルソン島のリンガエン湾に上陸した。上陸後、陸軍航空隊の戦術的支援を受けながら、地上軍は急速に進攻した。この結果、台湾にいた海軍の陸攻部隊は地上支援の任を解かれ、25日と28日にわたってマニラ湾の敵艦を空襲した。

　一式陸攻の搭乗員の目標は29日以降、バターン半島とコレヒドール島に移った。コレヒドール島の対空砲火は特に侮りがたいものであった。この米軍の

要塞は、太平洋戦争の緒戦で日本が遭遇した最も手強いものであった。実際、ここでの搭乗員の経験が一式陸攻に高空性能を高める火星一五型エンジンを搭載することを促進したともいえよう。

この一連の攻撃が続くなか、昭和17（1942）年1月3日、高雄空の陸攻が対空砲火によって燃料タンクを撃ち抜かれ、ビガンへの不時着を余儀なくされた。また翌日には残り少なくなっていたバターンのP-40によって、陸攻が撃墜された。

昭和16年12月28日、鹿屋空の10機の一式陸攻からなる先遣隊が新たに占領したミンダナオ島のダバオに進出。残りの部隊も1月5日に続いた。ミンダナオ島とボルネオ北部のほぼ中間にあるホロ島は、クリスマスの日に占領され、1月2日から8日にかけて高雄空の23機がその飛行場に移動した。バターン半島とコレヒドール島では米軍とフィリピン軍が未だ抵抗を続けていたが、日本軍は一足飛びに蘭印に到達したのである。

マレー半島とシンガポール
Malaya and Singapole

Z部隊を撃滅したことと、陸軍のマレー半島進攻に対する航空支援が陸軍航空隊によって行われることになったため、海軍陸攻隊のマレー半島における任務は、主に南シナ海の哨戒と、ボルネオ西海への上陸作戦の支援になった。

昭和16年12月16日、日本軍はボルネオ島北西岸のミリに上陸、18日から22航戦は連合軍が反撃を計画しているミリ周辺の島々に対して作戦を集中させた。12月20日、鹿屋空主隊はオランダ空軍の秘匿飛行場に索敵攻撃を行った。オランダ空軍はこの基地から陸軍の上陸拠点に対し、攻撃を繰り返していた。そしてレド近郊にシンカワン第2飛行場を発見、地上の大型機11機と小型機5機を爆撃したと報じた。続く22日、美幌空の九六陸攻24機の攻撃で、飛行場の滑走路を一時的に使用不能とし、オランダ軍の撤退を強制した。

12月24日、日本軍はミリからはるかに南下したクチンの海岸に上陸、翌日の昼までに飛行場を占領した。開戦前の日本軍の予定では、ミリとクチンを主要な飛行場としてシンガポールと西部ジャワの攻略作戦を支援するため、鹿屋空全部を配備するつもりであった。しかし、この計画は頓挫した。

ミリ、クチンの飛行場は小さく、容易に拡張できず、大型機の運用には不十分だった。これらの基地では1中隊規模以上の部隊を配備することは困難で、

昭和16年12月10日、高雄航空隊の空襲を受けるフィリピン、ニコルス・フィールド基地。ニコルス・フィールドはもともと、クラーク・フィールドと同時に、12月8日に攻撃される運命にあったが、悪天候によって48時間の猶予にあずかった。直前になって計画が変更され、陸攻部隊は海岸沿いの小さなイバ飛行場に向かったのである。12月9日も悪天候のため攻撃をまぬがれたが、ついに10日、ニコルス・フィールドは日本軍の爆撃を受ける。(via Edward M Young)

海軍航空部隊の大半は相変わらず、仏領インドシナ南部の基地から作戦せざるを得なかった。緒戦の段階ですでに、日本の限られた飛行場造営能力が、航空作戦に影響を及ぼしていたのである。

作戦の焦点はいまやシンガポールに移りつつあった。12月28日、陸軍の偵察機が100機以上の航空機がシンガポールの航空基地にいることを発見、陸海軍は協同してこれらの目標を攻撃することになった。

一式陸攻がはじめてシンガポール上空にお目見えしたのは、1月3日の早朝のことで、鹿屋空の27機がテンガー基地と海軍工廠を攻撃した。4日後、陸軍の偵察機はシンガポールの敵の空軍力は増強されていると報告し、航空作戦は強化されることになった。

14日、陸軍飛行第14戦隊のキ27九七式戦闘機(連合軍のコードネームは「Nate(ネイト)」)は、シンガポールのケッペル港に空母が在泊しているという誤った報告をした。翌日、鹿屋空の27機が攻撃に向かったが空母は発見できず、替りにテンガー飛行場とジョホール南部の本島にあるクルアン飛行場を爆撃した。18日にふたたび鹿屋空は26機でシンガポールを空襲、海軍基地の西端の石油タンクを爆撃し、巨大な火柱をあげさせた。

航空作戦は1月26日の陸軍によるマレー半島南部、エンドウ岬への上陸作戦の支援として活発化した。上陸作戦の5日前、鹿屋空の一式陸攻27機はテンガー飛行場を襲い、同日美幌空の25機はケッペル港を攻撃した。さらにその翌日、鹿屋空の27機はセンバ湾飛行場を、元山空の25機の九六陸攻は、カラン飛行場を空襲した。

ケッペル港空襲でもカラン飛行場の攻撃でも、九六陸攻はホーカー・ハリケーン戦闘機の迎撃を受け、損失に悩まされた。逆に一式陸攻はなんら反撃を受けなかった。卓越した性能が一式陸攻に、旧い九六陸攻に対する決定的な優位性を与えていた。鹿屋空の須藤朔大尉は次のように回想している。

「私はいつも元山空、美幌空と協同作戦をするときは、彼らに申しわけないような気がしました。シンガポール攻撃の際は、予定では目標上空で会合し、同時に爆弾を投下することになっていました。しかし、同じ基地から出撃すると、我々は美幌空や元山空より1時間以上速い、3時間半で目標に着いてしまうのです。

「我々が兵舎を出てくるとき、美幌空の連中は離陸していきます。目標に近づくと、高度7500mをアップアップで飛んでいる彼らに我々は悠々8500mで追いつきます。それからしばらくジグザグ飛行をして彼らのスピードに合わせます。敵の戦闘機は尾部に積んだ我々の20mm銃座を恐れてか、後ろに着くということはほとんどありません。そうする場合は1航過のみで、それから1000m下の九六陸攻の編隊に向かっていき、たっぷり30分は九六陸攻の連中に地獄の思いをさせるのです。

「対空砲火も低い高度にいる九六陸攻に集中しました。我々が基地に戻ってアイスクリームを食べている頃に、ようやく美幌空の連中が帰ってくるのです」

鹿屋空はシンガポールに対する最後の攻撃を1月27日に行い、24機の陸攻がカラン飛行場を襲った。2日後、元山空が海軍最後の作戦行動として陸軍部隊に包囲された島へ向かった。その後、シンガポールの占領は完全に陸軍航空部隊の手に委ねられ、陸攻は周辺の海での対艦船攻撃に集中した。シンガポールは2月15日に降伏したが、日本軍はすでにスマトラ島とジャワ島そのものに到達していた。

オランダ領インドネシア
Netherlands East Indies

　日本軍の主力が進攻する東側のルートは、いまやふたつに分岐した。ひとつは、鹿屋空分遣隊の一式陸攻と1空の九六陸攻、東港空の九七大艇と3空の零戦に支援されたセレベス島の北東端のメナドから、南東端のケンダリー、南西端のマカッサルを通って東部ジャワに隣接したバリ島に至り、そしてまたさらに東のアンボンとティモールを占領するというもの。もうひとつは高雄空と台南空の零戦に支援され、ボルネオの東海岸に沿ってタラカンからバリクパパン、そしてボルネオ島の南端、バンジェルマシンに至るものだった。

　1月7日の夜明け前、ダバオから出撃した鹿屋空の一式陸攻14機は、東港空の九七大艇と協同してアンボンを攻撃した。これは、11日に予定されていたメナド上陸のための前哨戦であった。メナド上陸は、すべて海軍による作戦で、海軍のみならず日本にとっても最初の落下傘部隊が参加するものであった。高雄空は新しいホロの飛行場から出撃、同じく11日に予定されていた陸

一式陸攻部隊の最も錬度が高い頃を示す、鹿屋空第2中隊の写真。昭和17年の「南進作戦」時のものであろう。尾翼の「K」という文字は鹿屋空を示す。尾翼の1本の横線と316から330までの機番は第2中隊を表している。しかし、これらの表記は常に分隊全部に当てはまるわけではなく、たとえば壹岐春記大尉は第3中隊長であったにもかかわらず、通常はK-301に搭乗しており、16年12月8日のレパルス攻撃当日は第1中隊の予備機であるK-310を使用していた。(both via R C Mikesh)

軍の上陸作戦の支援のため、1月8日と9日の2日間にわたりタラカンを爆撃した。このうち8日に1機が対空砲火で撃墜された。

日本軍の南方進攻作戦の次の段階は、1月24日に始まった。ボルネオ島のバリクパパン、セレベス島のケンダリーへの上陸が同時に行われたのである。高雄空の35機が上陸の日に、バリクパパンの敵の拠点に対し、作戦行動を行った。

東側のルートでは敵の航空兵力がアンボンに集結しているとの報告に、1月15日、鹿屋空の26機がアンボン攻撃に向い、翌日も16機の陸攻で爆撃を行った。これら1航過の爆撃を別にすれば、一式陸攻の搭乗員は、日課として行ったこれら全地域への哨戒飛行でほとんど会敵することもなく、ケンダリーへの上陸もほとんど抵抗無く行われた。バリクパパンの占領によって、日本はボルネオにおいて最も豊かな油田を手に入れ、ケンダリーを落とすことによって、広大な草原の飛行場を手に入れた。陸攻を含む多数の航空機がすぐにこの飛行場を使用できた。

一方、ボルネオでは秘匿飛行場が発見された。オランダ軍によってサマリンダ第2飛行場と呼ばれていたこの飛行場は1月25日、高雄空の43機の陸攻によって空襲された。翌日には35機がふたたび攻撃に向かったが、うち17機は悪天候のため目標に到達する前に引き返し、残りは雲上から爆撃を行った。これら一連の攻撃は、サマリンダ第2飛行場に相当の被害を与え、さらにバリクパパンに日本軍が上陸したことでこの飛行場は無力化され、オランダ軍もマーチン爆撃機を撤退せざるをえなくなった。

ケンダリー飛行場はまさに天の恵みだった。というのもダバオとホロは総力を上げての作戦行動には小さすぎたし、メナド、タラカン、バリクパパンでは滑走路が不適だった。鹿屋空分遣隊は1月27日にケンダリーへ進出した。その前の21日にダバオからメナドに移動していたので、1週間とたたないうちの再移動となった。1空の九六陸攻は1月末、ケンダリーに到着。高雄空も本来は別の基地を用いることになっていたが、2月1日に33機の一式陸攻を送り込んだ。

いよいよ日本軍は、ジャワ東部に対する圧倒的に優位な航空戦をしかけるに至った。2月3日、総数72機に及ぶ陸攻がケンダリーを出撃、ジャワ攻撃に向かった。野中太郎少佐率いる高雄空26機はスラバヤのペラク飛行場を襲い、鹿屋空の27機は入佐俊家少佐の指揮でマディウンのマウスパテ飛行場を目指した。最後に1空の九六陸攻16機はマランのシンゴサリ飛行場攻撃を割り振られた。目標となった3つの飛行場の軍事施設とスラバヤ海軍基地は、相当の被害を出した。その間の攻撃で陸攻と護衛の零戦は連合軍の航空機38機を破壊、あるいは損傷を与えた。日本側は4機の零戦と九八式陸上偵察機1機を失った。

高雄空と鹿屋空の陸攻搭乗員は迎撃に上がった敵機2、3機と空戦したが、全機無事帰投、1空の九六陸攻も同様だった。高雄空の部隊は分割され、1個中隊9機は残りの陸攻部隊とケンダリーに残り、他の18機は限定的作戦に参加するためバリクパパンに向かった。

2月4日、高雄空の索敵機は、フローレス海で米蘭連合軍の合同艦隊を発見、鹿屋空27機、高雄空9機、1空24機が中程度の高度から爆撃を行った。中隊ごとの波状攻撃によって、鹿屋空は米巡マーブルヘッドに250kg爆弾の直撃2発、至近弾を当て、かなりの被害を与えた。

この軽巡はジャワ作戦の期間中、戦線を離脱し、修理のために米国東海岸のブルックリン海軍工廠に戻ることを余儀なくされた。1空攻撃隊の爆撃によって米重巡ヒューストンは、後部砲塔に被弾、またオランダ軽巡デロイテルは数発の至近弾をこの攻撃時に受け、対空砲火の管制システムが故障した。これらの攻撃の間、高雄空の平田靖雄三飛曹の一式陸攻がヒューストンの対空砲火により撃墜された。

　攻撃隊は艦船を撃沈することこそできなかったものの、合同艦隊は攻撃を断念して引き返し、2月9日に行われる予定であったマカッサルへの上陸作戦を成功に導くことができた。

　日本軍は西側のルートでは東廻りのケンダリーに匹敵するような飛行場を手に入れることができなかった。美幌空と元山空の九六陸攻は小さな前進基地に進出したが、鹿屋空本隊はツドウムに留まったままであった。そういった事情から2月のこの地域の日本軍の進攻作戦のための陸攻の作戦は、美幌空と元山空の九六陸攻によって担われた。

　2月14日、陸軍の最初の落下傘降下作戦がスマトラ島南部のパレンバンに対して行われた。落下傘部隊によって飛行場と石油精製所を手中にし、翌日には連動して地上部隊が海岸から河を遡上してきた。海岸に殺到した上陸軍の輸送船部隊を狙って、15日の朝、連合軍の巡洋艦5隻と10隻の駆逐艦からなる艦隊が、バンカ諸島近海に出現した。陸攻部隊はこれら連合軍艦隊を爆撃したが、命中弾を与えるには至らなかった。にもかかわらず、連合軍艦隊は日本軍の陸攻部隊とまみえることを怖れ、ジャワ方面に引き返した。パレンバンはインドネシア最大の油田があると同時に、西部ジャワ攻略のための大きな飛行場があり、それを両方とも手中にしたのである。

　パレンバン飛行場は陸軍機によってすぐに手狭となり、海軍の陸攻部隊が進駐する余地はなかった。その替り、海軍は陸軍部隊がパレンバン南西37kmにあるゲルンバン近郊に発見した、オランダ軍の秘匿飛行場を使用することに決めた。連合軍によってパレンバン第2、またはP2と呼ばれていたこの飛行場は、2月24日から元山空の33機の九六陸攻と輸送機、そして鹿屋空6機の一式陸攻によって使用が開始された。

　新しい使用者によって、ゲルンバンと名付けられた飛行場は大規模なものであったが、基地に充分な石油の備蓄を時機を逸せずに供給できる適当な兵站能力がなく、一時的に陸攻1航空隊の作戦行動を支えることしかできなかった。かくして元山空は26日、クチンに戻り、鹿屋空の25機がツドウムからゲルンバンに南下してきた。最終的に西部地域の一式陸攻は作戦に適した基地を獲得したことになる。

　東側ルートを通っての日本軍の進撃は、2月10日まで悪天候によって封じ込められていたが、18日になってようやく高雄空の攻撃機21機がスラバヤ港を爆撃できるまでに回復した。しかし陸攻部隊はその戦闘で、これまで経験したことのない連合軍の強固な反撃に初めて遭遇、4機を失った。

　1機は爆弾投下直後に対空砲火の直撃を受け、劇的な最期を遂げた。一方他の2機は米陸軍第17追撃飛行隊のP-40Eによって撃墜された。このときP-40Eは事前に日本軍接近の警報を受け、迎撃に充分適した位置を占位して待ち受けていた。宮本勢二二飛曹の陸攻は、P-40によって手ひどい損害を受け帰路の途中海没した。ほかに9機が被害を受け、150発もの銃弾を浴びた北島克美一飛曹機は、片発のみでよろめきながら基地に戻った。2名が

機上戦死し、ほかに主操の太田政冨二飛曹を含む2名が負傷した。

　2月19日、日本軍は東部ジャワの隣に接したバリ島に上陸、一方、同じ日に第1航空艦隊の艦載機がオーストラリア北西部のポートダーウィンに激しい攻撃を行った。艦載機の攻撃のおよそ1時間半後、鹿屋空分遣隊の一式陸攻27機と1空の九六陸攻27機が町の北東部にあるオーストラリア空軍基地を空襲、滑走路と基地施設に爆弾を投下した。

　これらの攻撃は翌日に予定されていたティモール島のクーパンとデリに対する上陸作戦の準備として行われた。また、上陸の目的は日本軍のオーストラリアとジャワにまたがる輸送路を確固としたものとすることだった。

　いまやジャワ島に対する包囲網は完璧となった。日本軍の航空攻撃が激しくなるにつれ、ジャワ島の占領は時間の問題となった。2月27日、日本軍はうってつけの獲物を発見した。米海軍の飛行機輸送艦ラングレーとそれに随伴する駆逐艦2隻で、最後の必死な試みとしてジャワ島南岸にあるチラチャップに33名のパイロットとP-40、32機を運んでいる最中であった。

　高雄空の足立次郎大尉の指揮する中隊9機は爆撃手尾崎才次飛曹長の正確な照準によって250kgと60kgの爆弾を見事に命中させ、致命的な打撃を与えた。ラングレーの損害は航行を続けるにはあまりにひどく、放棄されることとなり、駆逐艦ウィップルの雷撃と砲火によって処分された。

　ジャワの最後はあっというまにやってきた。連合軍の艦艇は2月27日から3月1日にかけての陸上からの航空攻撃で壊滅、3月1日には日本軍がジャワ島の東と西から上陸を開始した。ジャワ島のオランダ軍司令部は3月9日に降伏するが、航空作戦はそれ以前に勝利を手中に納めており、海軍の陸攻部隊はオランダ軍の降伏前に、他の地域へ転進を始めていた。3月5日、鹿屋空本隊はゲルンバンを出発し、東部方面に展開していた分遣隊もケンダリーを去った。ふたつに分割された航空隊は再編成され、3月10日、日本に凱旋した。

　しかしながら激しい戦闘下にあった高雄空には、未だ果たすべき任務が残されていた。3月14日、18機の一式陸攻がオーストラリア北西部に対する作戦に従事するため、ティモール島のクーパンに移動した。一方で2個中隊と航空隊司令部はルソン島のクラーク・フィールドに進出し、バターンとコレヒドールの頑強な守備隊の攻撃に着くことになった。3月24日から高雄空はコレヒドール要塞に対し、陸軍のキ21九七重爆（連合軍のコードネームは「Sally」）と協同して連日猛攻撃を加えた。コレヒドールの対空砲火は依然猛烈で、3月28日と4月2日に1機ずつの損害を出した。

　東南アジアの占領はちょうど90日で終了した。19機の一式陸攻が作戦上の喪失も含め失われ、一方、九六陸攻の損害も比較的軽微だった。しかし遥か東ではこの新しい占領地を守っていくことがいかに長く、苦しく、そして高い代償を必要とする戦いであるかという兆候が、すでに現れていたのである。

chapter 4
不運な部隊
hard luck unit

どの軍隊にも過分に困難や不運を招いてしまう部隊というものがある。第4海軍航空隊はそのような部隊であった。4空の前身は太平洋の広大な範囲で孤独な戦いを行った千歳空である。他の陸攻部隊が東南アジア平定の輝かしい勝利の戦をおこなっている間、千歳空はウェーク諸島制圧、ニューブリテン島ラバウル占領作戦の支援、そしてマーシャル諸島を米海軍任務部隊の攻撃から守る戦いに従事していた。

これらの作戦は千歳空の主装備機である九六陸攻によって行われた。千歳空に配属された2機目の一式陸攻は安藤信夫大尉機で、昭和16年12月15日に到着。この機は単機での長距離哨戒飛行に用いられた。

昭和17年1月23日、日本軍はビスマルク諸島を獲得。続いてニューアイルランド島のカビエン、そしてニューブリテン島のラバウルに上陸した。ラバウルはすぐに日本軍がニューギニアへ至る南西方面、ソロモン諸島へ至る南東方面の両作戦を行う際の機軸となる航空基地となった。連合軍側には南西太平洋といわれた地域は、日本側からは地図上では敵と逆になる南東方面と呼ばれていた。この地域で作戦を行うために、陸攻と戦闘機から成る混成部隊を編成する計画が立てられていた。

第4航空隊と名付けられた新しい陸攻部隊は3個中隊からなっていた。徐々に一式陸攻に機種改変を進めていた千歳空からは、山県茂夫大尉の指揮する1個中隊が編入され、残りの2個中隊はフィリピンと蘭印での作戦に勝利したばかりの高雄空から抽出された。これは高雄空の第4、第6中隊で、それぞれ三宅正之大尉、中川正義大尉が率いていた。高雄空のこれら2個中隊は、ホロから高雄へ総勢21機で新しい再編に備えて戻っていた。残りの高雄空の中隊は、ジャワ島に対する作戦のためにさらに南下していった。

この劇的な連続写真は、昭和17年2月20日、米海軍の空母レキシントン艦上から映画用フィルムで撮影されたものである。4空の飛行隊長である伊藤琢也少佐の搭乗するF-348号機が、必死に米空母への体当たりを試みようとしている。陸攻はすでに、エドワード・H・ブッチ・オヘア大尉のF4F-3による迎撃で、左翼のエンジンを完全に吹き飛ばされている。陸攻の尾翼には白線が2本ついており、これは第3中隊を示すが、この日は伊藤少佐の指揮する第3中隊が、第1中隊の位置についていた。
(National Archives via Robert C Mikesh)

4空に編入となった2個中隊は、2月5日から6日にかけて高雄に出発、ペリリュー島を経由して7日にトラック島へ着いた。しかしトラック到着寸前、致命的な事故が発生した。2機が空中衝突をおこし、中隊長の三宅正之大尉を含む2機の搭乗員全員が死亡したのである。悲劇は新部隊編成前からすでに襲ってきたのだ。急ぎ三宅大尉の替りとして1空輸送機隊の瀬戸與五郎大尉が発令された。

　4空は正式には昭和17年2月10日に活動を開始した。山県茂夫大尉の指揮する前・千歳空中隊は一式陸攻への機種改変を急ぎ中部太平洋で行い、残りの2個中隊は2月14日から17日にかけて、ラバウルのブナカナウ飛行場に進出した。そのわずか3日後、2月20日の朝、横浜空の九七大艇が敵機動部隊をラバウルから460海里(852km)の所に発見したと打電、その後消息を絶った。

　これはウィルソン・ブラウン中将の率いる空母レキシントンを中心とする機動部隊で、ラバウルの攻撃を企図していた。24航戦司令の後藤英次少将は攻撃を命じたが、この新しい前線基地にはまだ魚雷が到着していなかった。また新しく配備された零戦は、増槽タンクが未着のため、掩護に着くことができず、旧式の九六艦戦では地域的な防空以外には役立たなかった。そのため4空陸攻隊は水平爆撃で全力をつくすしかなく、しかも掩護無しでの出撃をしなければならなかった。しかし高雄空出身の搭乗員たちは、直前に経験した南西方面での勝利に沸き立っており、勇んで出撃した。

　20日、午後2時20分、17機の一式陸攻が各2発ずつの250kg爆弾を積み、ブナカナウ飛行場を離陸した。4空の飛行隊長伊藤琢蔵少佐は、先任偵察員として指揮につき、渡辺忠三飛曹長の操縦する瀬戸大尉の一式陸攻に搭乗した。瀬戸大尉が指揮する中隊は8機編成、一方中川正義大尉が率いる中隊は9機編成だった。中川中隊が先に敵艦隊を発見、午後4時35分に攻撃を開始すると無電で知らせてきた。それが中川中隊の発した最後の通信となった。

　米海軍第3戦闘飛行隊(VF-3)のF4Fに迎撃され、5機の陸攻が爆弾投下点に達する前に撃墜された。残る4機は、レキシントンに対し爆撃を行ったが命中は1発も無かった。これら4機はワイルドキャットに追い回され、撤退する間にさらに3機が撃墜されたが、F4Fも2機が陸攻の尾部銃座の20mm銃によって落とされた。中川中隊の残る1機はなんとか戦闘機からは逃れたものの、米海軍第2爆撃飛行隊(VB-2)のSBD-2によって撃墜された。

午後5時、瀬戸大尉の指揮中隊が空母を発見し、その5分後に中隊が目標に向かっていくと、エドワード・H・オヘア大尉と僚機のマリオン・W・ダフィルホ中尉によって迎撃された。ダフィルホ中尉機の機銃は故障していたが、その卓越した技量で「ブッチ」・オヘア大尉は3機の陸攻を撃墜、2機に損害を与えた。

損害を受けた一式陸攻のうちの1機は、前田耕司一飛曹機で、編隊が爆弾投下点に近づいたとき、オヘア大尉の攻撃で火に包まれた。しかしこのとき、消火装置の把柄を強く引いたことがうまく間に合った。炎は消え、前田一飛曹はまだ編隊を組んでいた3機を引き連れ、250kg爆弾4発を放ったが空母を外した。至近弾はわずか30m後方に落ちた。

伊藤少佐と瀬戸大尉の乗る指揮官機は、空母に対して爆弾を投下することができなかった。というのも、指揮官機はオヘア大尉によって爆弾を落とす直前に、編隊から切り離され、オヘア大尉のその日の3機めの餌食となってしまったからである。F4F-3が放った銃弾は、一式陸攻の左のエンジンナセルを吹き飛ばし、エンジンそのものが千切れて飛んだ。見事な操縦技術によって、陸攻の操縦員は機を右に傾けながら低空を飛行し続けた。

開戦前の訓練期間、陸攻の部隊員はもし搭乗機が戦闘中に損害を受け、帰投の見込みが無くなった場合、目標を見つけ出し、自爆することを厭わない、ということで意見が一致していた。伊藤少佐は乗機の他の搭乗員の生命とともにレキシントンを目指した。しかし伊藤機が空母に近づいたとき、対空砲火が遮り、午後5時12分、ついに機首から突っ込み、海面に突入した。激しい爆発がレキシントン左舷前方1400mのところで起きた。

もう1機の陸攻が別のF4Fによって撃墜された。しかしまだ4機が滞空中であった。3機は編隊を組んでいた。残りの1機、森敏一飛曹機はオヘア大尉によってひどい損害を受けていたが、どうにか単機で基地に帰ることができた。これらはF4FとSBDのさらなる攻撃に耐え、なんとか戦闘空域から離脱した。小野弘介一飛曹機はこの戦闘における最後の損害となり、午後7時25分、ヌギリア諸島のヌガルバ島に不時着を余儀なくされた。25分後、前田一飛曹と小南良介二飛曹機がボロボロになってブナカナウ基地に降りてきた。最後に午後8時10分、森飛曹長機が被弾した一式陸攻でなんとか戻ってきたが、ラバウルのシンプソン湾に不時着水した。

4空は初陣で88名の戦死者を出した。その中には飛行隊長とふたりの中隊長が含まれており、出撃した17機のうち15機が未帰還となった。損失は衝撃的であったが、日本軍は特有の冷静さで、掩護もなく米艦隊を攻撃した結果、払わざるを得ない犠牲だったのだ、と愚かにも受け入れてしまった。日本側が一式陸攻の攻撃を受けたときの脆弱さを真剣に考えるに至るには、まだまだ多くの犠牲が必要だったのである。

1空が古い九六中攻で、不足を補うため急遽この方面に移動して来、また4空の残された唯一の中隊、山県大尉の率いる10機の一式陸攻も21日、ラバウルへの進出を果たした。新しい飛行隊長に渡辺初彦少佐が、分隊長に小林国治大尉がそれぞれ着任したのは、翌月になってからのことであった。

編成後2週間も経たないうちに再建を余儀なくされた4空であるが、戦争の進行は小休止を許してはくれなかった。2月24日、8機の零戦に掩護された山県大尉の指揮する9機の一式陸攻は、ポートモレスビーに対し初の空襲を敢行した。ニューギニア南東海岸の戦闘は、4空にとって長く、険しいものとなった。

chapter 5

挫折した目論見
thwarted objectives

　日本の全体戦略の第1段作戦は、東南アジアの自然資源を獲得することであった。第2段作戦では、新しく得た領土の周辺を拡大し、緩衝地帯を作り、予想される連合軍の反撃に備えるというものであった。しかし事態は計画した通りには進まなかった。

　昭和17（1942）年2月10日、4空の編成に加え（前章参照）、2番目となる新しい陸攻部隊が編成された。三沢航空隊は、原隊の地名からこのように名付けられ、本州最北端、青森県に位置していた。三沢空は一式陸攻を装備した3個中隊から成り、木更津において作戦行動を開始した。

　昭和17年4月1日、海軍航空部隊の大規模な再編が行われ、多くの陸攻部隊の定数改変と、所属する戦闘機部隊の変更が行われた。たとえば4空は陸攻部隊が4個中隊となり、所属していた戦闘機部隊は台南空に移って、純粋な陸攻部隊となった。また木更津航空隊がこの日をもって一式陸攻3個中隊からなる実戦部隊へと改編された。木更津空が行っていた練習航空隊としての機能は、4月1日、台湾の新竹に開隊した新竹航空隊に移管された。

　また4月1日をもって25航戦と26航戦が編成され、前者が南東方面での作戦を担い、後者は元来、北海地域を担当することになっていた。4空は25航戦の指揮下に入り、三沢空と木更津空は26航戦の麾下部隊となった。

　昭和17年4月18日、日本本土は空母ホーネットから発艦した米陸軍のB-25による「ドゥーリトル爆撃隊」によって大胆不敵な空襲を受けた。中型爆撃機による爆撃で、実際の被害は軽微なものだったが、本土の防衛に責任のある軍部と海軍の上層部にとっては大きな衝撃となった。そして日本の外側の防衛線を拡大するという既定方針に、拍車をかける結果となった。

　第2段作戦の当初の主な任務は、ニューギニアを陥落させるために海路をもってポートモレスビーに進攻すること、ソロモン諸島のツラギに上陸することであった。この作戦によって珊瑚海の北側を制圧し、ニューカレドニア、フィジー、サモアを攻略、よってアメリカとオーストラリアの補給線を断とうというものであった。この戦域で4空の一式陸攻と1空の九六陸攻はニューギニア北側海岸のラエ、サラモアに対する上陸作戦を支援するための、ニューギニアに対する航空攻撃に従事していた。

昭和17年5月、ニューギニアのラエで損害を被った4空の一一型。尾翼の横線1本と320から339までの機番は、第2中隊に属していることを示す。東部ニューギニアにおける激しい攻防は、陸攻に絶え間ない犠牲を強いた。
(Al Simmons Collection via Larry Hickey)

この作戦は昭和17年3月8日に始まった。

当初、この戦域での連合軍の航空兵力は取るに足らないものであったが、3月の後半には強化が進んだ。3月14日のオーストラリア・ケープヨーク半島北端のホーン島への攻撃では、4空の一式陸攻8機と、12機の零戦が第49追撃航空群の第7追撃飛行隊のP-40と格闘になり、陸攻は無傷だったものの、2機の零戦が撃墜された。ニューギニア方面での最初の陸攻の損失となったのは、3月21日の川井平八飛曹長機で、単機でポートモレスビー偵察を行って帰投する際の午後に起きた。川井機は、ポートモレスビーにほんの2時間前に着いたばかりのイギリス空軍第75飛行隊、キティホークの餌食となったのである。

4月の再編によって1空は中部太平洋に進出した。東部ニューギニア方面の作戦行動は、激しさが増しているにもかかわらず、4空が唯一の陸攻部隊であった。この方面に、多数機撃墜記録者を綺羅星のごとく集めた台南空本隊が到着したことにより、4空の士気は一時的に上がっていたが、すでに多大の損失を被っていた。

4月6日、7機の陸攻が5機の連合軍戦闘機と交戦した。そのなかには第8追撃航空群、第36追撃飛行隊のP-39Dが2機含まれていた。これが、この2機種が遭遇した初めての空戦で、陸攻はすべて帰投したが、5機が被弾し、1名が機上戦死、1名が重傷を負った。4日後、4空の7機がふたたびモレスビーを襲ったが、第75飛行隊によって1機を撃墜された。4空はいまや応援なしでは、戦力たりえない危機に瀕していた。そしてその援軍が来ようとしていた。

昭和17年4月10日は連合艦隊が第2段作戦を公式に発動した日で、この作戦による兵力の移動により、台南空の本隊が海路、16日にラバウルに到着した。零戦は別に到着し、20日には作戦に投入されることが予定されていた。九六陸攻を装備した元山空も一時的にこの方面に投入された。そして4空にも19日に5機の一式陸攻が、さらに5月1日には8機が補充された。

4空はポートモレスビーに対する作戦を再開し、4月17日には5機の陸攻を13機の零戦の掩護で目標に向かわせた。21日には8機の一式陸攻が優勢な操縦員の操る台南空の零戦10機に守られ、ポートモレスビーのキラキラ（スリーマイル）飛行場を攻撃。空戦の後に全機無事帰投した。

それ以降、台南空の零戦隊が第75飛行隊を圧倒していたために、月末までモレスビーに対して毎日行われた攻撃を、4空は被害を受けることなく実施することができた。しかしその月の最後になって、第35、第36追撃飛行隊のP-39エアラコブラの大規模な分遣隊が、圧倒されているオーストラリア軍を救援するために、セブンマイル飛行場に派遣された。そして30日、珍しく連合軍が反撃を行い、11機のP-39がラエ飛行場を襲った。1機の零戦を炎上、さらに1機を大破させ、8機以上の零戦と10機以上の一式陸攻に損害を与えた。

5月にはポートモレスビーの連合軍航空兵力を撃滅する作戦が、MO作戦と

この鹿屋空所属の一式陸上輸送機（G6M1-L）は、昭和17年の後半、ラバウルで撮影されたものと思われる。写真からは、胴体左側のブリスター銃座が通常の陸攻と異なり、輸送機型ではかなり前方にあるということがわかる。また胴体右側の銃座も主翼後縁のすぐ後ろに設置されている。この配置は元来の「翼端掩護機」（G6M1）から引き継がれたもので、胴体下面に20mm銃2挺を装備したゴンドラを付けたことで後方に移動した重心を、補正するためのものだった。（via S Nohara）

零戦のエース搭乗員を多く輩出した台南空は、昭和17年の時点で、南東方面の輸送任務のために3機の一式輸送機を保有していた。そしてそのうちの少なくとも2機は、17年8月29日、ブナでP-400の機銃掃射によって破壊されている。V-902はそのうちの1機で、後に飛行場を占領した連合軍地上部隊にとって、ちょうどよい記念撮影の背景となった。この写真は18年の初めに撮影されたものだが、尾部銃座窓の開口部を金属の整流板でふさいでいるのがよくわかる。また、通常は尾部銃座窓の直前、胴体最後部側面にある小さな窓がないことにも注意されたい。これは一式輸送機の他にも、初期の一一型に見られる特徴である。(via Robert C Mikesh)

して再開された。MO作戦は、ポートモレスビーを海上から攻略しようとするもので、日本軍は全力を傾注した。米任務部隊が近海で待ち伏せしていることが、5月4日、ツラギの日本軍基地が艦載機によって攻撃されたことによってはっきりした。ツラギは、その前日に日本軍によって何の抵抗も無しに占領されていた。翌日には何らの接触も無かったが、6日、横浜空の九七大艇が米軍空母を最初に発見した。続く2日間、日米の機動部隊は珊瑚海で歴史上初となる空母部隊同士の戦闘を交えた。陸攻部隊もこの作戦に参加したが、その戦闘で果たした役割は周辺的なものであった。

5月7日朝、巡洋艦の水偵と陸攻部隊の2機の偵察機が触接電を送ってきた。それに対し4空の一式陸攻12機は九一式航空魚雷改二を搭載して、元山空の九六陸攻19機は250kg爆弾2発を積んでブナカナウを出撃した。彼らが目指したのは実際は空母部隊ではなく、クレース少将率いる支援の巡洋艦部隊で、ルイジアード諸島ジョマド海峡南端にいた。ふたつの陸攻部隊は午後2時半過ぎに敵艦船部隊を発見、攻撃を行った。

元山空部隊が爆撃針路に入ろうとしたとき、眼下の艦船部隊が対空砲火の火ぶたを切った。しかし、対空砲火の標的は元山空ではなく、低空で雷撃を開始しようとしていた4空だった。対空砲火は雷撃部隊に集中したため、元山空は損害もなく爆撃を終えて基地にもどったものの、4空は半数を失った。

敵艦からの猛烈な砲火を浴びながら、4空の編隊長機の小林国治大尉機は、部下の目前で撃墜され、さらに3機が大尉機と同じ運命をたどった。残りの爆撃機はひどい損害を受けながらラエに戻った。編隊の殿であった杉井操一飛曹が機長を務める機は、1名が機上戦死、1名が重傷を負いながらブナ

カナウに戻る途中、デボイネ湾に不時着した。この結果ブナカウにたどり着いたのは6機だったが、そのうち5機が損害を受けていた。4空の手ひどい被害にも関わらず、1本の魚雷も当たった形跡が見当たらず、高空からの爆撃もなんら戦果を得ることはできなかった。

　5月8日に珊瑚海で行われた海戦により、米空母レキシントンが撃沈され、日本は戦術的な勝利を得たものの、自らも空母艦載機を喪失してMO作戦の遂行は阻まれ、ポートモレスビーの占領は陸路による作戦が始まる7月まで延期されることになった。

破壊されたV-902を別の角度から見る。尾翼の識別番号がよくわかる。この機体は昭和15年11月に生産された、三菱製造番号613、G6M1の13番目の機体である。(Mat Gac Collection via Larry Hickey)

　しかしながら、ニューギニアを巡る航空戦は日常的に続いていた。5月の最後のポートモレスビーに対する大掛かりな攻撃は18日に行われ、4空は渡辺初彦飛行隊長が16機の一式陸攻でセブンマイル飛行場を、一方元山空は18機の九六陸攻で新しい12マイル飛行場を攻撃した。モレスビー上空では米陸軍の第35戦闘飛行隊、第36戦闘飛行隊のP-39が、4空の編隊を台南空の零戦とぶつかる前に襲い、1機を撃墜、8機に損害を与えることに成功した(詳細は「Osprey Aircraft of the Aces 36──Airacobra Aces of World War 2」を参照)。被害を受けた1機は、ラエ飛行場に着陸する際に大破し、失われた。残りはラバウルに帰投を果たした。敵の戦闘機が4空と零戦に向かっていったため、元山空は何ら損害を被ることなく12マイル飛行場に激しい爆撃を加え帰投した。

　連合艦隊の作戦の焦点は中部太平洋に移った。ここでミッドウェイ島を占領することによってハワイに対する日本の航空機による哨戒は飛躍的に強化でき、しかも米海軍空母任務部隊をおびき出し決定的な作戦にもちこむことができると考えられた。ミッドウェイ島への上陸は、6月6日(日本側では日付変更線を越えるので7日)に予定された。ミッドウェイ島が占領され次第、三沢空の9機の一式陸攻を含む前進部隊が、この日本の最も東にある前哨地に進出することになっており、残りの三沢空とその上位にあたる26航戦司令部も翌7月には追従することになっていた。

　しかしこの部隊展開命令が公式に発令されることはもちろん無かった。この作戦に参加した日本の4隻の空母すべてが6月4日の並外れた規模の戦いで沈められた。このことは日本海軍が意図したものとは別の意味でまさしく決定的で、その思惑は完膚無きまでに挫かれた。結局三沢空は7月10日、マリアナ諸島のサイパンへ配備されることになり、そこで哨戒任務と錬成に務めた。

　ミッドウェイ攻略が中止になったことで、ふたたび作戦の焦点は南東地域に戻った。ミッドウェイでの敗戦による空母部隊の再建はなかなか進まず、海軍航空兵力を使ってニューカレドニア、フィジー、サモアを占領するという壮大な計画は、7月11日、正式に中止された。しかし日本軍はポートモレスビーを南海岸から陸路によって占領し、ニューギニアを征服すること、ツラギ南にあるガダルカナル島に飛行場を造るということで、ソロモン諸島の平定を確実にす

V-903（G6M1の通算9号機）はV-902とともに、昭和17年8月29日にP-400の攻撃によりブナで破壊された。この機体は台南空に配属されるまで、Z-985という機番で1空に所属していた。それ以前は、G6M1として「翼端掩護機」の試験を行っていたものと思われる。（Mat Gac Collection via Larry Hickey）

　るという望みを捨てていなかった。
　　5月18日のポートモレスビー攻撃の後、4空と元山空の陸攻部隊は哨戒を別にすれば、一時的に作戦から撤収した。機材の維持と補充に努めたのである。明けて6月、元山空は1日にモレスビーに対する昼間攻撃を行ない、以降小規模な夜間攻撃を連続して行なった。これに対し4空の一式陸攻は6月の前半2週は哨戒任務だけを行なった。悪天候も4空の活動を弱めた一因だった。
　　しかし6月16日になって、25航戦はポートモレスビーに対する航空攻撃を再開した。これは台南空の強力な制空隊を付け、多量の爆弾を投下することで陸路から進撃する陸軍を支援する、というものであった。17日、4空の一式陸攻9機はグロセスター（グロースター）岬付近の前線による悪天候によって作戦を中止したが、元山空の九六陸攻18機は前線を抜けて、モレスビー港にいたオーストラリアの輸送船マダヒューに損害を与えた。
　　翌日4空の一式陸攻18機は渡辺大尉に指揮され、敵艦に到達、元山空に続いて有効弾を与えることに成功した。激しい対空砲火と戦闘機の迎撃に15機以上が被弾したが、完璧な爆撃隊形で敵艦の運命を決めた。これが4空にとって6月に行なわれた最後の作戦行動となり、残りの日々は哨戒任務に従事した。元山空はポートモレスビーに対する空襲をもう1回、26日に行なったが、その後この戦場を去り、翌月の初め、本土に帰った。4空はまたしても前線に残留した。
　　7月になるとポートモレスビー攻略作戦が近づき、陸攻の連続攻撃が検討された。3日の晩から4日にかけて、4空は6機の陸攻でモレスビーへ初の夜間爆撃を行ない、5日には14機の零戦に掩護された20機の一式陸攻が大規模な昼間爆撃を実施した。この一連の攻撃でモレスビーに対して甚大な被害を与え、陸攻に被害はなかった。同じ規模の攻撃が翌日も行われた。第35戦闘飛行隊のP-39とP-400［P-39の輸出型。P-39のプロペラ同軸機関砲が口径37mmに対し、20mm機関砲を装備］がこれを迎撃した。搭乗員1名が機上戦死したが、全機無事に基地へ戻った。
　　10日、21機による大規模攻撃がポートモレスビーに対して行なわれたが、ふたたび対空砲火と戦闘機による迎撃を受けた。5月に飛行長に任命されたばかりの津崎直信少佐が指揮を執り、分隊長山県茂夫大尉操縦の指揮官機

は対空砲火を受け、爆弾投下地点に到達する直前に撃墜された。編隊は混乱状態となり、目的は達成されなかった。残った機はどうにかラバウルに戻ったものの、一撃で幹部2名を失ってしまったことになる。

　ポートモレスビーの敵航空兵力の制圧、という試みはこれまでのところ実を結ぶには至っていなかったが、パプアニューギニアの北方岸にあるブナへの最初の上陸は7月21日に行なわれた。18日と19日、大がかりな攻撃が予定されていたが、熱帯性の不順な天候によって中止のやむなきに至った。そして上陸直前の7月20日、最後に25機の一式陸攻が進撃し、爆撃を行なった。陸攻の損害はなかった。続く24日の攻撃は20機で行われ、この規模でモレスビーに対して行なわれた7月最後の作戦となった。夜間の小規模な攻撃は月末まで行われた。

■オーストラリア侵攻
Down Under

　ティモール島クーパンに基地を置く高雄空の2個中隊は、昭和17年3月16日に北西オーストラリアへの一連の侵攻を開始した。この一連の攻撃では連合軍の航空兵力による抵抗がなかったため、続く3月20日からは掩護なしで攻撃隊を出撃させた。

　この状況は、7機の掩護なしの一式陸攻がダーウィンのオーストラリア空軍飛行場を攻撃した3月28日を境に変った。目標に到達する前に、陸攻は米第9追撃航空群第9追撃飛行隊のP-40Eによって迎撃され、1機が撃墜された。30、31日、今度は3空の零戦に掩護され、同規模での攻撃を行った。このときは零戦がP-40を陸攻から切り離すという任務を見事に果たしたため、陸攻部隊は妨害を受けなかった。

　4月4日、米軍の戦闘機はふたたび、ダーウィン北部で待ち伏せしていた。このとき明らかになったのは、米軍機の攻撃をかわすには、陸攻と同数の6機という掩護機の数では不十分だ、ということであり、陸攻は3機を失った。高雄空は翌5日、7機で出撃したが、今度は3空の中隊全力9機の掩護がついたため、攻撃隊はオーストラリア空軍の飛行場を妨害なしに爆撃することができた。

　昭和17年4月10日以降、日本軍は第2段作戦に入った。それに伴い、この地域の兵力は防衛的な態勢に入り、オーストラリアに対する作戦は継続されていたものの、その任務は日本の占領地に対する攻撃に先手を打つ、といった程度のものになった。

　バターン、コレヒドールに猛攻を加えていた高雄空の残り半分は、4月後半になってクーパンに到着した。しかし連合軍のクーパンに対する攻撃が頻繁となり、この地域の海軍航空部隊は実質的にセレベス島のケンダリーへと後退することが決定され、クーパンはオーストラリア攻撃の際の前進基地とされた。しかし引き上げ前にダーウィンに対して大規模な攻撃を行うことを、23航戦の竹中龍造少将は決意した。この攻撃は高雄空にとって北部オーストラリアに対して行った最も苛酷な攻撃となった。

　4月25日、3個中隊の陸攻が勝見五郎少佐の指揮で、15機の零戦の掩護の下、ダーウィンのオーストラリア空軍飛行場を目指した。目標に向かう途中、3機がエンジントラブルで引き返したが、24機が爆弾投下を行った。零戦の掩護にもかかわらず、編隊は爆弾投下後、第49追撃航空群の約50機の

P-40Eに襲撃された。執拗な追撃は35分も続き、4機が撃墜され、3機が片発飛行で編隊を離脱した。3機のうち1機はクーパンの東80海里（148km）のところに不時着し、残り2機は辛くも基地に辿り着いた。

　この2機のうちの1機は藤原武治中尉の操縦で、中尉の機では副操を含む4人が機上戦死し、左翼のエンジンは撃ち抜かれ、180発もの弾痕があった。中隊の残りの機が速度を落として援護したことで、編隊についてゆくことができ、機体は胴体着陸でめちゃくちゃに壊れたが、藤原中尉は自らも重傷を負いながらクーパンまで戻ってきた。

　最後に早い時点で作戦から脱落したうちの1機が、デリ港近くの海岸に不時着水し火を噴いた。搭乗員は無事だったものの、機体は全損となった。高雄空にとっては最悪の日であった。この損害にもかかわらず、高雄空は48時間後、21機の零戦に掩護されて、16機でふたたびダーウィンを襲い、この時はP-40によって1機が撃墜されただけであった。

　5月いっぱいと6月初旬、高雄空は日施哨戒しか行なわず、損害の埋め合わせもできた。いったん以前の戦力を回復すると、高雄空はダーウィンに対する小規模な攻撃を6月13日から再開した。27機が市街を爆撃したが、同一規模での攻撃が続けて15日、16日にも行なわれた。P-40の攻撃を避けるため、掩護戦闘機を多数つけ、さらに高度7000mからの爆撃であったため、対空砲火による被弾で機上戦死者が出た機はあったものの、陸攻の損失はなかった。

　7月の日本軍の航空作戦は、その月の30日に陸軍が実施した、ティモール東部の島々、カイ、アルー、タニンバーへの上陸作戦に呼応して行なわれた。高雄空は7月25日から30日の間、小規模なダーウィンへの夜間爆撃を行なった。さらに30日には勝見飛行長が指揮する26機の一式陸攻が3空の零戦26機の掩護でダーウィンの飛行場を爆撃した。損害はP-40に食われた零戦1機のみであった。同じ日、9機の陸攻でオーストラリア西部のポートヘッドランドを攻撃した別働の攻撃隊に、損害はなかった。

　8月になっても、陸攻はダーウィンへ7月と同様の昼間攻撃を1回行なった。23日、27機の一式陸攻が平田種正大尉の指揮でヒューズとダーウィン南部の新しい衛星基地を攻撃、燃料タンクと弾薬集積所、そして2機の飛行機を破壊した。このときレーダーは日本軍の接近に十分な警告を出しており、第49戦闘飛行隊のP-40、24機が上空で待ちかまえていた。

　27機の零戦の掩護にもかかわらず、陸攻が爆撃針路に入る数分前、P-40が襲いかかった。1機の一式陸攻が炎に包まれて落ちていき、もう1機はエンジンを撃ち抜かれたが、この機は零戦に助けられ、なんとかデリまで戻り、そこで不時着大破した。残りの陸攻は戦火を交えながら目標まで辿り着き、爆弾投下直後、2機がひどい損害を出したものの、かろうじてクーパンまで戻った。この戦闘に要した時間はまるまる1時間だった。

　高雄空の被害は搭乗員1ペアと機材2機に限られたが、掩護の零戦は4機を撃墜された。これらの被害によって、ダーウィンに対する昼間攻撃はその年の間、行なわれることはなく、高雄空は夜間攻撃のみに切り替えた。遙か東、ソロモン諸島ではより深刻な事態が起ころうとしていた。

chapter 6
ガダルカナル——陸攻の墓場
guadalcanal—funeral pyre of the rikko

　南東方面の昭和17（1942）年8月は、25航戦がポートモレスビーへの陸路からの進行を支援することに集中することで幕を開けた。8月7日の早朝、4空の一式陸攻27機は新たに発見したニューギニア東端のミルン湾の敵飛行場を攻撃するために、ラバウルを出撃する準備をしていた。発進直前、搭乗員たちは米軍がソロモン諸島に上陸した、という衝撃的な報せを受けた。米海兵隊はツラギのちっぽけな守備隊を一蹴し、その南のガダルカナル島に上陸、日本軍の設営隊が完成させたばかりの小さな滑走路をやすやすと占領した。

　ミルン湾への攻撃予定は、慌しく変更され、ラバウルから560海里（1037km）のソロモン諸島近海に潜むと思われる、米海軍任務部隊への索敵攻撃が行われることになった。兵装を雷装に転換するだけの時間がなかったため、27機の陸攻は250kgと60kgの爆弾を混載。台南空の零戦17機に掩護され、午前10時6分に離陸、米艦隊を目指した。江川廉平大尉の指揮下、部隊は午後1時に少し遅れてガダルカナル上空に到着した。

　敵任務部隊の位置情報を何も受けていなかったことと、それらしき艦影を発見できなかったことから、江川大尉はガダルカナル近海にいた巡洋艦と他の船舶を狙うことに決めた。一式陸攻はF4Fからの攻撃と対空砲火の中、爆撃針路に入った。結果、4機の陸攻が撃墜され、1機は帰途、不時着水し、さらに別の1機はラバウル着陸時に大破した。しかし米艦船はかすり傷ひとつ負わず、任務部隊もガダルカナル付近に潜んだままだった。

　翌朝、今度は雷装した4空の陸攻がガダルカナルに向かうことになった。小谷仟大尉の指揮する17機はブナカナウを離陸、池田拡巳大尉率いる三沢空の第2中隊9機と合同した。三沢空は敵上陸の報に、前日急ぎサイパンからラバウルに進出してきたのだった。4空の3機が途中で引き返し、23機がガダルカナルへ向かった。

　偵察機がまたも敵機動部隊を発見しそこなったために、15機の零戦に掩護された陸攻は、ガダルカナルから離岸した艦船を襲った。陸攻は正午少し前に目標に到達したが、海面すれすれに高度を下げ、雷撃針路に入ると、巡洋艦と駆逐艦から成るケリー・ターナー少将の前衛艦隊の熾烈な対空砲火の洗

ガダルカナル沖で米艦艇が撮影した4空第1中隊のF-311号機。悲惨な結果に終わった昭和17年8月8日の魚雷投下直後と思われる。この日、攻撃に参加した一式陸攻23機のうち、基地にたどり着いたのは5機だけだった。これはガダルカナル作戦における一回の出撃としては最悪の損失であった。
（National Archives via J F Lansdale）

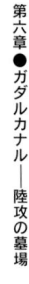

礼を浴びた。少なくとも8機が艦艇からの砲火で矢継ぎ早に撃墜され、ほんの2、3機が魚雷投下に成功した。

　辛くも生き残った者たちもF4Fに追撃され、さらに4機が火だるまとなった。最後にひどく被弾した4空の3機、三沢空の2機、あわせて5機のみがラバウルに辿り着いた。他に三沢空の1機が着陸時に大破したが、搭乗員は救助された。残りの4空11機、三沢空の6機が士官搭乗員全員を含む125名の搭乗員と運命を共にした。これはガダルカナル戦のすべてを通じ、一度の出撃としては最悪のものであった。唯一、魚雷1本が駆逐艦ジャービスに命中、また佐々木孝文予備少尉機が輸送船ジョージ・エリオットに体当たりし、火を噴かせた。

　8日の午後には残る三沢空の17機の陸攻がブナカウに到着した。翌朝、雷装した三沢空の16機が米海軍任務部隊を求めて出撃したが、前日の攻撃で傷つき、1隻で煙を吐いている駆逐艦ジャービスを見つけただけだった。巡洋艦と誤認した攻撃部隊は、2本の魚雷でジャービスを仕留めたものの、こんな小さな獲物に対する代価はあまりに高かった。

　ジャービスの対空砲火は、開戦時に巡洋戦艦レパルスを攻撃したこともあるベテラン搭乗員の乗る2機を撃墜。さらに1機はブカに不時着、大破した。駆逐艦は全力で闘い、敵に相応しい犠牲を求め、その最期を遂げたのだった。

　その午後、米輸送船団はガダルカナル島から離れた。物資の陸揚げが終わっていなかったにもかかわらず、その前の晩に起きたサボ島沖夜戦で米海軍巡洋艦隊が敗れたため、出発を急かされていたのである。そのため10日の朝には日本の哨戒機はツラギにも、ガダルカナルにも敵影を見なかった。このことが日本軍司令部に、大きな被害を出しながらも実施した航空攻撃の成果を過大に評価させる結果となってしまった。ガダルカナルとツラギにいる敵主力は弱体化しており、士気も低いという判断が為されたのである。過小評価した敵に対して、戦力を小出しに逐次投入していくことが始まり、最終的には日本を敗北に追いやる、6カ月にわたる泥沼の消耗戦が始まるのである。

　ガダルカナルの敵を過小評価したことは、同時に予定していたポートモレスビーの陸路侵攻も継続させることとなった。南海支隊の主力4000名がブナの近くに上陸、飛行隊長中村友男大尉の指揮する三沢空16機と4空の9機が8月17日、セブンマイル飛行場を攻撃した。

　高度7000mから敵戦闘機の妨害なしに投弾した陸攻は、何度も行なわれた攻撃のうちで最大の戦果となる、地上破壊11機を報じた。さらに司令所を破壊、200本以上のドラム缶を燃やすとともに、遅動信管をつけた20発以上の250kg爆弾を滑走路に投下した。悪天候にも助けられ、南海支隊は翌日、連合軍の空からの攻撃を受けずに上陸に成功した。

　ガダルカナル島では一木支隊の先遣隊916名が8月18日に上陸、敵兵力を

昭和17年の晩夏に撮影された4空第1中隊の一式陸攻。よく知られた写真である。尾翼に帯がない301から319番までの機体は、第1中隊所属機を意味する。この一式陸攻は偵察任務か空輸中と思われ、爆弾倉には整流板が取り付けられ、機体下面と一体化している。プロペラのスピナーは同年7月から装着されるようになった。
(Dr Yasuho Izawa via Larry Hickey)

過小評価しての向こう見ずな突撃により、20日から21日にかけての夜半、テナル川での戦いに多数の死傷者を出してしまった。

　翌日、木更津空がこの戦域に到着、まず19機の一式陸攻がカビエンに拠点を置いた。この24時間前、同様に米軍側もヘンダーソン飛行場と名付けたガダルカナルの飛行場にＦ４ＦとＳＢＤドーントレスを進出させていた。木更津空の進出によって、ラバウルには一式陸攻を装備する3つの航空隊が存在することになったが、消耗が激しく、たちまち3つの部隊によって混成部隊を組むことを常態化させた。

　8月25日、鹿屋空のベテラン操縦員としてプリンス・オブ・ウェールズを攻撃したこともある鍋田美吉大尉が、木更津空の飛行隊長として、木更津空から9機、三沢空から8機、4空から6機の計23機を率いてヘンダーソン飛行場を爆撃、全機無傷で帰投した。翌日にはふたたび、中村大尉が率いて三沢空と木更津空からそれぞれ8機がヘンダーソンを襲った。攻撃隊は2000ガロンに及ぶ航空燃料を燃やし、続いて1000ポンド（454kg）爆弾2発が誘爆し、地上の機材数機を破壊、無線通信所も粉々にした。このとき、陸攻は爆弾投下後に第223海兵戦闘飛行隊のＦ４Ｆの迎撃を受けて木更津空の2機が撃墜され、1機が不時着、中村大尉機もブカに着陸を余儀なくされた。

　29日には木更津空の9機がヘンダーソン基地を襲撃、1機が撃墜され、1機がブカに不時着、大破した。一方、別に行動した三沢空の9機は無事に帰投した。30日、鍋田大尉の指揮する木更津空9機、三沢空9機の計18機はガダルカナル周辺の艦船攻撃を行ない、駆逐艦を輸送船に改装したコルホーンを完璧な爆撃で撃沈し、損害なく帰投した。

　9月、再度の上陸攻撃に備えて航空兵力が増強され、ガダルカナルへの攻撃が再開された。2日、鍋田大尉は木更津空、三沢空各9機を率いてヘンダーソンを襲い、Ｆ４Ｆとの空戦にもかかわらず、全機帰投した。

　同じ日、安藤信雄大尉は千歳空分遣隊の一式陸攻10機を指揮し、ラバウルでの2週間の作戦従事の予定でブナカナウに到着した。戦力を増強したものの、南東方面の部隊は危険なほど戦線を拡大していた。日本がガダルカナルに集中している間にオーストラリアの連合軍は航空兵力を増強し、日本軍のニューギニアにおける兵力に圧力を加えていた。日本軍はニューギニア、ソ

昭和17年7月10日、サイパン島への配備に向かう三沢空の一一型。この1カ月後、同部隊はガダルカナル攻防戦に参加するため、ニューブリテン島ラバウルに急派されることになる。手前の2機、H-362とH-351は新しい機材で、機体上面が迷彩のため濃緑色に塗られている。また尾翼の幅の広い縦帯から第3中隊の所属機であることがわかる。遠方には尾翼に幅広の横帯の描かれた第2中隊の機材が見られる。これら機材は緑と茶の旧い「中国迷彩」が施されており、元の塗装も随分と汚れていることがわかる。このことは、三沢空が編成にあたって機材も、搭乗員も、鹿屋空から多くを引き継いだことを示しているといえよう。（via S Nohara）

ソロモン諸島の上空を飛ぶ木更津空の一一型。昭和17年8月もしくは9月の撮影。木更津空は鹿屋空と並んで、最も古い陸攻の部隊で、日中戦争の初期の段階では九六陸攻を以て、数多くの功績をあげた。その後の数年間は練習航空隊となったが、17年4月にふたたび実戦部隊に復帰、この年秋のガダルカナル攻防戦で壊滅的打撃を受ける。(Bunrindo KK)

ロモン両戦線で航空攻撃を行うに十分な兵力を有していないために、一方に集中すると他方の敵には小休止を与えてしまう結果となっていた。

ソロモン方面での航空作戦は、数多くの日本軍の弱点というものを顕在化させていた。飛行場の不足が作戦の効果を大きく減殺させていた。ラバウルとカビエンからしか飛行することができないため、陸攻と零戦の搭乗員はガダルカナル攻撃に一日一度、6時間半しか、作戦に従事できなかった。おまけに熱帯の変化しやすい天候のため、航空機はしばしば退避せざるを得ず、攻略に不可欠の連続攻撃に集中する力を使い果していた。

しかし最も大きな問題は、一式陸攻そのものの脆弱性にあった。ガダルカナルをめぐる攻防戦で、一式陸攻は、ありがたくないが悲しいほどぴったりな「ワン・ショット・ライター」というあだ名を頂戴することになった。一式陸攻の燃えやすさは搭乗員たちに、ヘンダーソン飛行場の90mm高射砲と戦闘機の攻撃を避けるため、高空からの爆弾投下を余儀なくさせた。

昭和17年の初め、ポートモレスビーへの標準的な爆撃では高度7500mから5度の降下角で緩降下し始め、7000mで爆弾投下が行なわれた。しかしガダルカナルでは8000m以上が良いとされた。その高度では搭乗員の酸素マスクの水分が凍結した。

つまるところ、こうしたことは空中戦闘に参加する際の搭乗員の問題、武士道精神に矮小化されてしまった。日本軍の規範には犬死することは含まれていなかったものの、武士の伝統として武器を携行するものは、「時至れば死を嘉すべし」、とされていた。それに加え、帝国軍人が捕虜となることは、死よりも不名誉であるとしていた。

日本の陸攻搭乗員は、第二次世界大戦に参加した他国の爆撃機乗りたちと同じように戦った。しかし、彼らが実行しないことがひとつだけあった。敵地上空で落下傘を用いて脱出することを、よしとしないのである。落下傘降下という選択肢を放棄する、という意図的な決定により、陸攻の搭乗員は作戦に際して、落下傘を携行しなかった。戦闘の最中に燃えさかるコクピットの中から7人1組のペアが最後に手を振るか、挙手の礼をしながら敵陣に突っ込んでいく光景がよく見られた。

ガダルカナルに対する昼間攻撃は9月9日に再開され、25機の陸攻がシーラーク水道の船舶を攻撃した。千歳空と三沢空のそれぞれ1機が撃墜され、木更津空の1機がブカに不時着大破した。10日には三沢空の1機が撃墜され、2機が行方不明となり、1機がブカに不時着した。また木更津空の1機は、日本軍がわずか4日前に水上機基地を設営したばかりのサンタ・イザベル島のレカタ湾に不時着水した。

12日には木更津空9機、三沢空11機、千歳空5機からなる25機がヘンダー

ソン飛行場を襲い、木更津空、三沢空の各2機が米軍によって撃墜され、また木更津空の1機はブカに、千歳空の1機がレカタ湾に不時着した。しかしこの日、待ちに待った増強が行われ、鹿屋空の先遣隊9機がラバウルに到着した。

翌日、新しく到着した鹿屋空の部隊は、木更津空の8機、三沢空の7機、千歳空の2機とともにガダルカナルに対する最初の作戦行動を行なった。日本軍が爆撃したのはヘンダーソンと見誤ったタイヴ岬の火砲地区で、木更津空の1機が行方不明に、1機がレカタに不時着した。

9月13日から14日にかけての晩、日本軍のヘンダーソン飛行場を奪還しようという二度目の猛攻も失敗に帰した。この敗北にもかかわらず、東京の大本営はいかなる犠牲を払ってでも飛行場を奪回すると決定した。この決定に従い、16日には鹿屋空の一式陸攻を装備した残りの2個中隊がカビエンに進出、ラバウルにいた先遣隊もこれに合流した。さらに23日には高雄空分遣隊の一式陸攻が20機、南西方面からガダルカナル支援のためラバウルに飛来した。

この増強によって千歳空分遣隊はマーシャルに戻り、消耗した4空の搭乗員を原隊に復帰させた。25日から月末にかけて4空のわずかな生き残りと6機の陸攻は木更津に戻った。7カ月の戦闘で、この不運な部隊は飛行隊長を続けて2名失い、6名の分隊長と40組以上のペア、50機以上の機材を失った。

一方、ニューギニアでは南海支隊がオーエンスタンレー山脈の防壁を越え、9月中旬にポートモレスビー直前、最後の稜線にまで達していた。しかしガダルカナルの状況が悪化したため、南海支隊には後退命令が下令。不正規兵の攻撃に曝され、航空兵力の支援もなく、食料の欠乏と戦いながら9月25日、撤退をはじめた。

9月後半の悪天候は、2週間近くもガダルカナルへの攻撃を妨げていた。この間、放置されていたニューギニア方面の支援が実行され、17日、19日とポートモレスビーへの夜間攻撃が、21日には27機の陸攻による大規模昼間攻撃が行なわれた。その一方、三沢空の8機の一式陸攻が、23日、オーエンスタンレーのココダに物資投下を行なった。しかし、撤退を留めるには至らなかった。

9月27日、陸攻部隊はようやくガダルカナル攻撃に向かった。鍋田大尉が自ら木更津空を指揮、同時に新しく到着した高雄空の分遣隊も最初の作戦行動に加わった。高雄空の1機が撃墜され、1機がレカタ湾に不時着した。木更津空の1機は米軍戦闘機によって撃墜された。その代わりに陸攻は5機のドーントレス、5機のアヴェンジャー、6機のワイルドキャットを地上で爆破。またヘンダーソン飛行場の東側に米軍が「ファイター・ワン」と名付けた新しい飛行場を発見した。しかし28日、三沢空の森田林次大尉が25機を率いてヘンダーソン飛行場とルンガ岬を襲ったとき、惨劇が待ち構えていた。

第223、第224海兵戦闘飛行隊と第5戦闘飛行隊のＦ４Ｆ、35機が爆弾投下直前の陸攻隊を襲い、森田大尉機は撃墜され、編隊は散り散りとなって投下目標を見失った。結局高雄空の4機と三沢空の森田大尉機が失われた。また鹿屋空の3機も失われ、1機はレカタ湾に、1機がブーゲンビル島南部に建設中のブイン飛行場に不時着大破した。さらにもう1機が戦闘の被害によって廃棄処分となった。この2日間の手ひどい損害によって戦術の変更が決定され、29日には木更津空の陸攻9機が囮となってルッセル島まで飛んで敵戦闘機を誘い込み、その間に27機の零戦が機銃掃射を行なった。

これらの作戦の最中、海軍航空部隊の大規模な再編成が、9月20日から11月1日の間に行われた。それぞれの部隊は従来の原隊の地名や、一桁、二桁

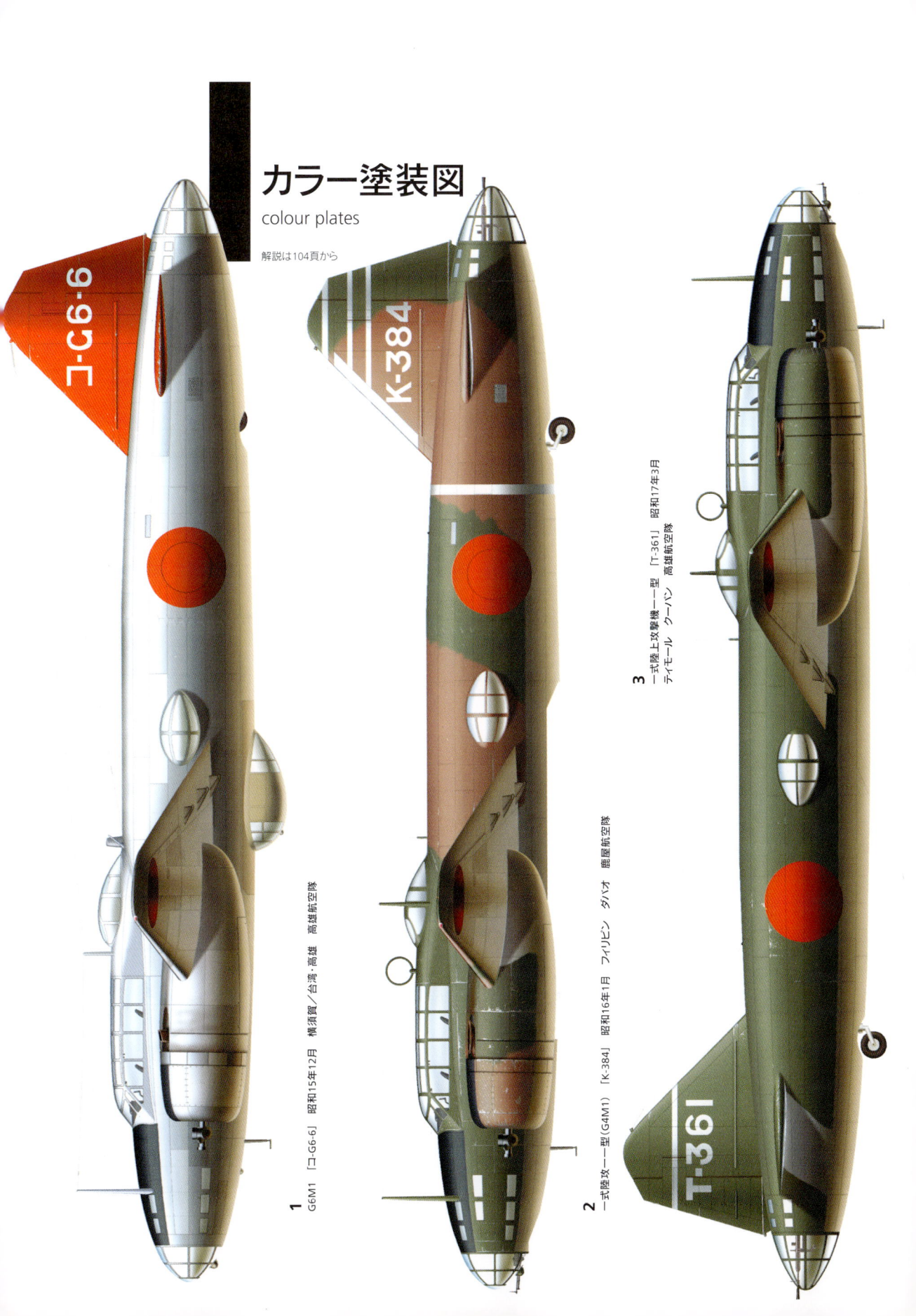

カラー塗装図
colour plates

解説は104頁から

1
G6M1 [コ-G6-6] 昭和15年12月 横須賀/台湾・高雄 高雄航空隊

2
一式陸攻一一型 (G4M1) [K-384] 昭和16年1月 フィリピン ダバオ 鹿屋航空隊

3
一式陸上攻撃機一一型 [T-361] 昭和17年3月 ティモール クーパン 高雄航空隊

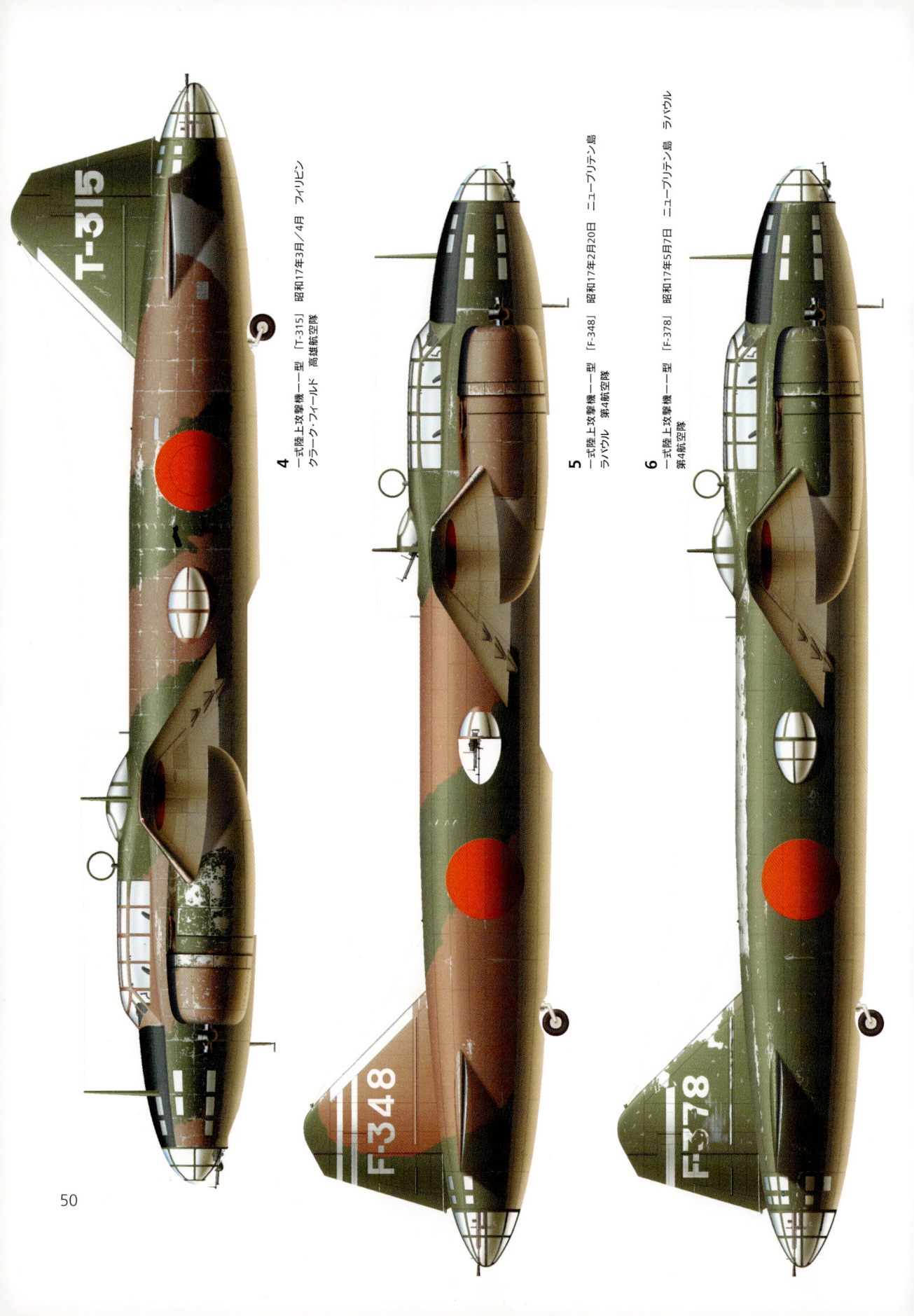

4
一式陸上攻撃機一一型 [T-315] 昭和17年3月／4月 フィリピン
クラーク・フィールド 高雄航空隊

5
一式陸上攻撃機一一型 [F-348] 昭和17年2月20日 ニューブリテン島
ラバウル 第4航空隊

6
一式陸上攻撃機一一型 [F-378] 昭和17年5月7日 ニューブリテン島 ラバウル
第4航空隊

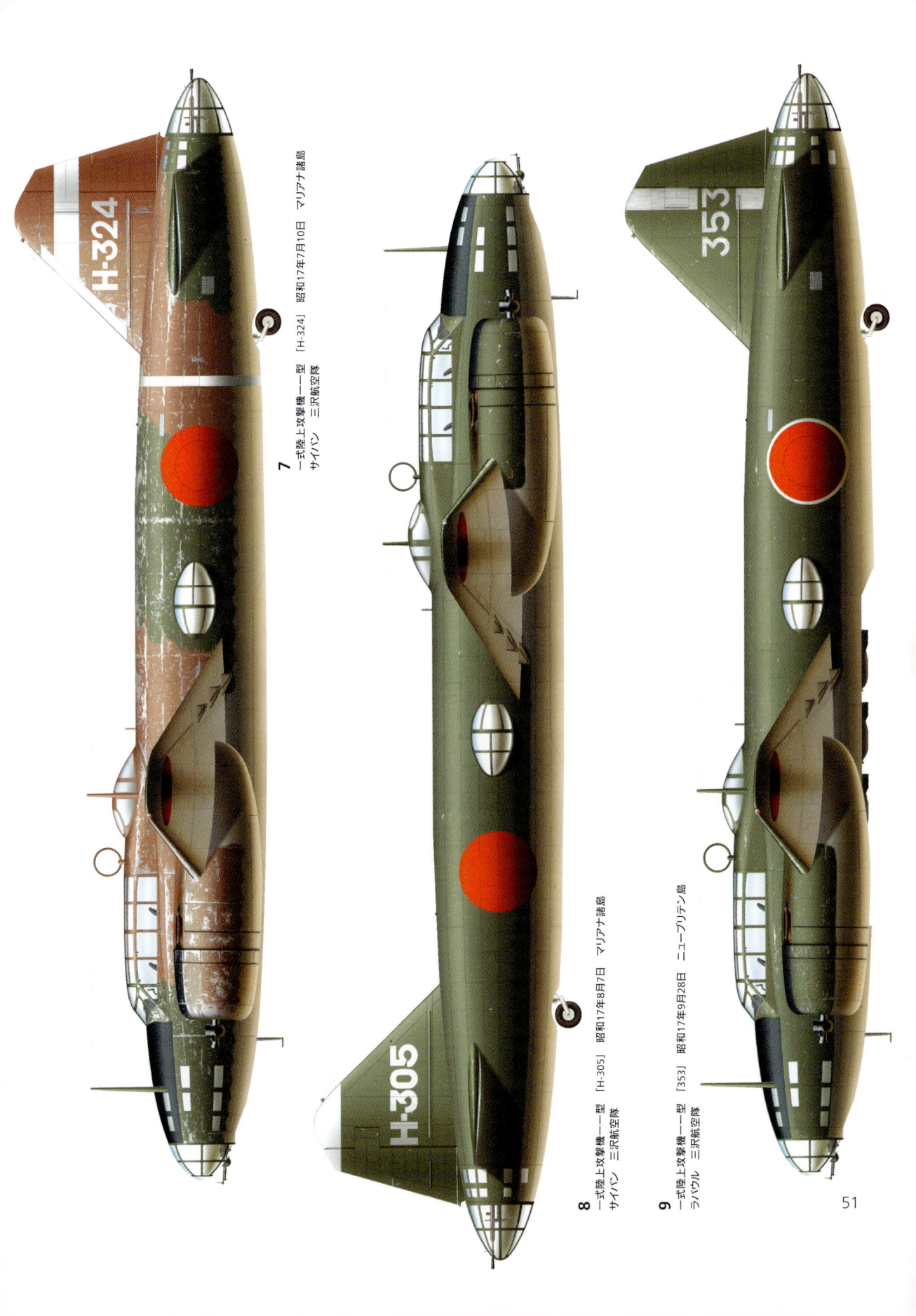

7
一式陸上攻撃機一一型　[H-324]　昭和17年7月10日　マリアナ諸島
サイパン　三沢航空隊

8
一式陸上攻撃機一一型　[H-305]　昭和17年8月7日　マリアナ諸島
サイパン　三沢航空隊

9
一式陸上攻撃機一一型　[353]　昭和17年9月28日　ニューブリテン島
ラバウル　三沢航空隊

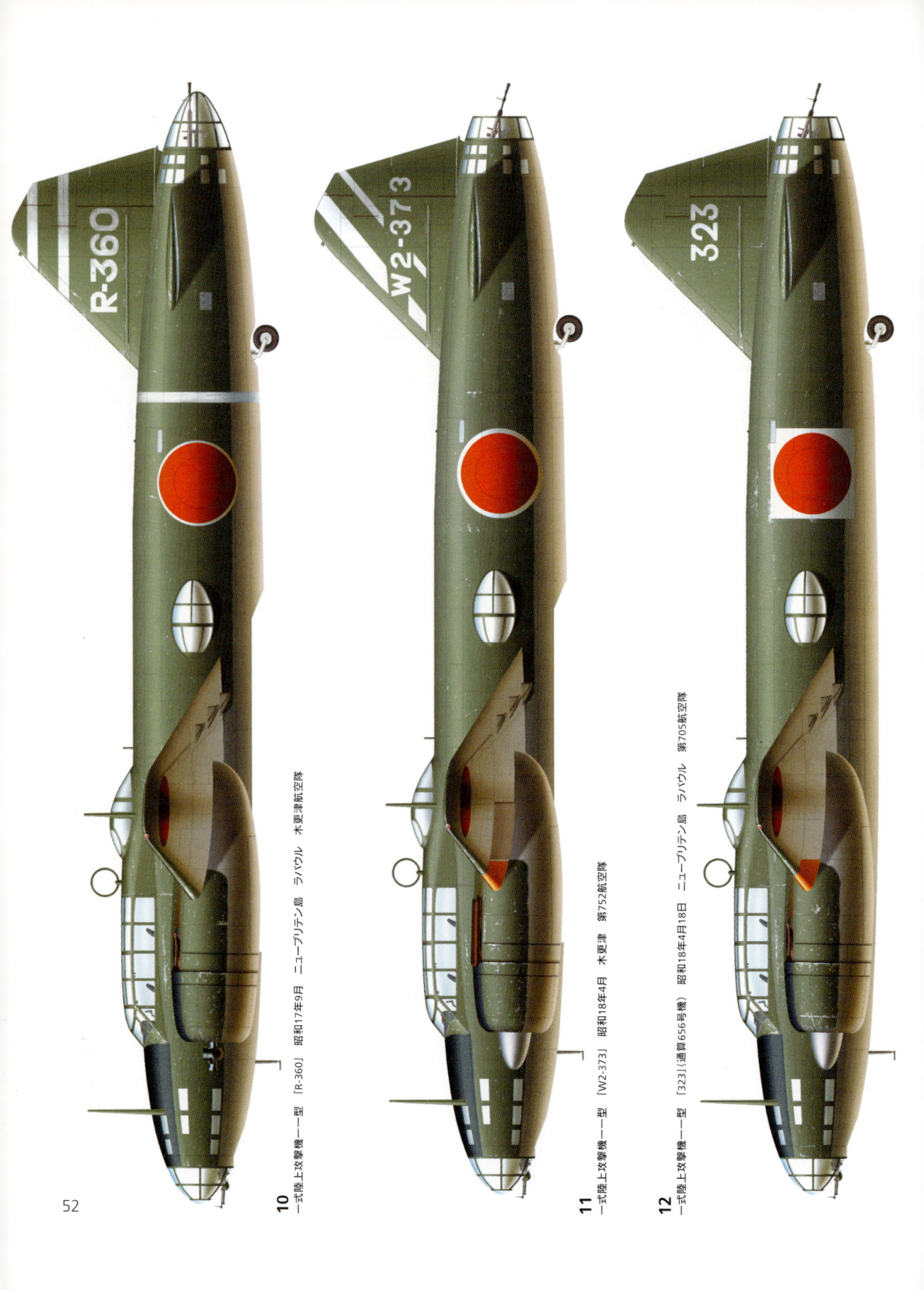

10 一式陸上攻撃機一一型　[R-360]　昭和17年9月　ニューブリテン島 ラバウル　木更津航空隊

11 一式陸上攻撃機一一型　[W2-373]　昭和18年4月　木更津　第752航空隊

12 一式陸上攻撃機一一型　[323] (通算656号機)　昭和18年4月18日　ニューブリテン島 ラバウル　第705航空隊

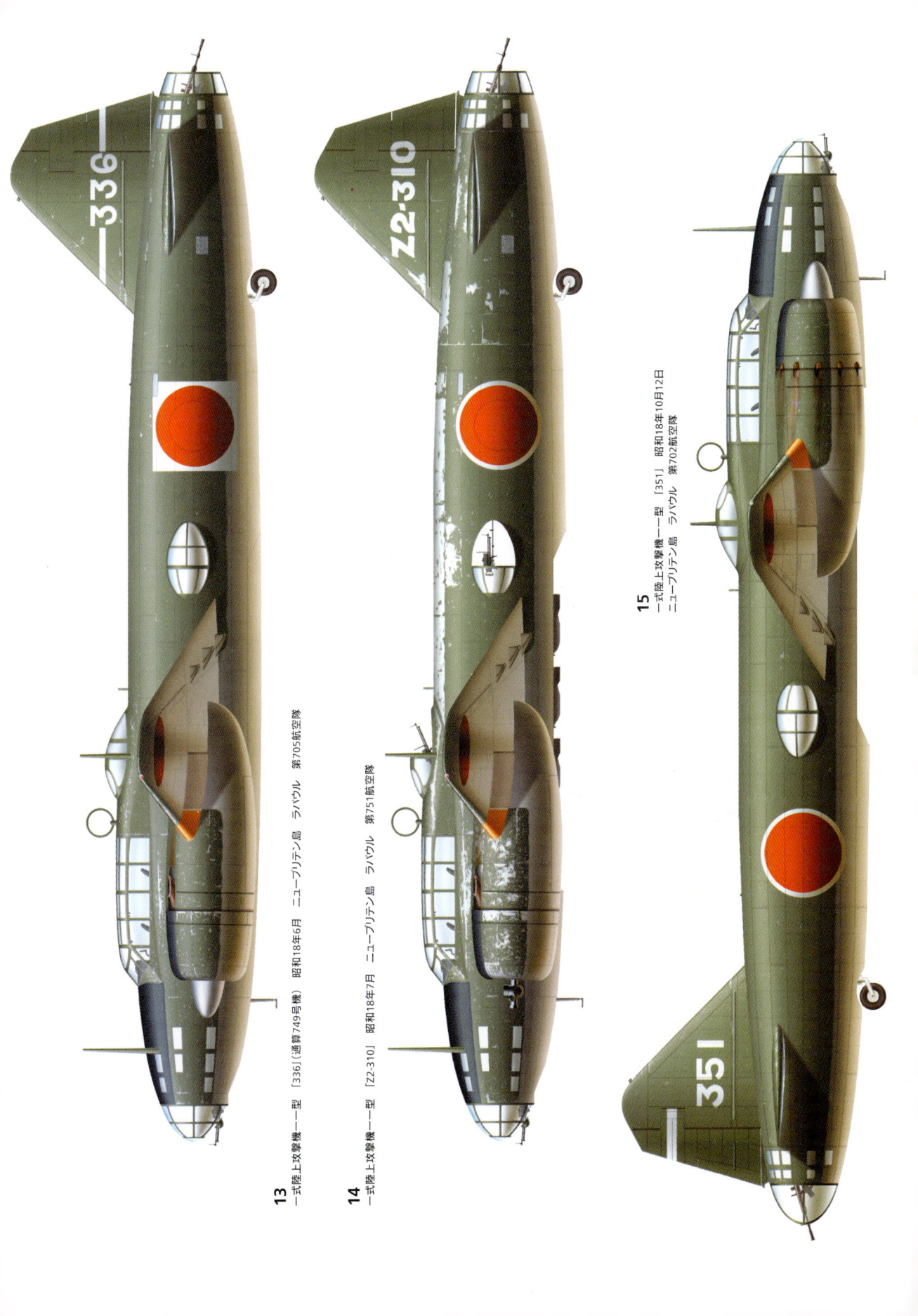

13 一式陸上攻撃機一一型［336］(通算749号機) 昭和18年6月 ニューブリテン島 ラバウル 第705航空隊

14 一式陸上攻撃機一一型［Z2-310］昭和18年7月 ニューブリテン島 ラバウル 第751航空隊

15 一式陸上攻撃機一一型［351］昭和18年10月12日 ニューブリテン島 ラバウル 第702航空隊

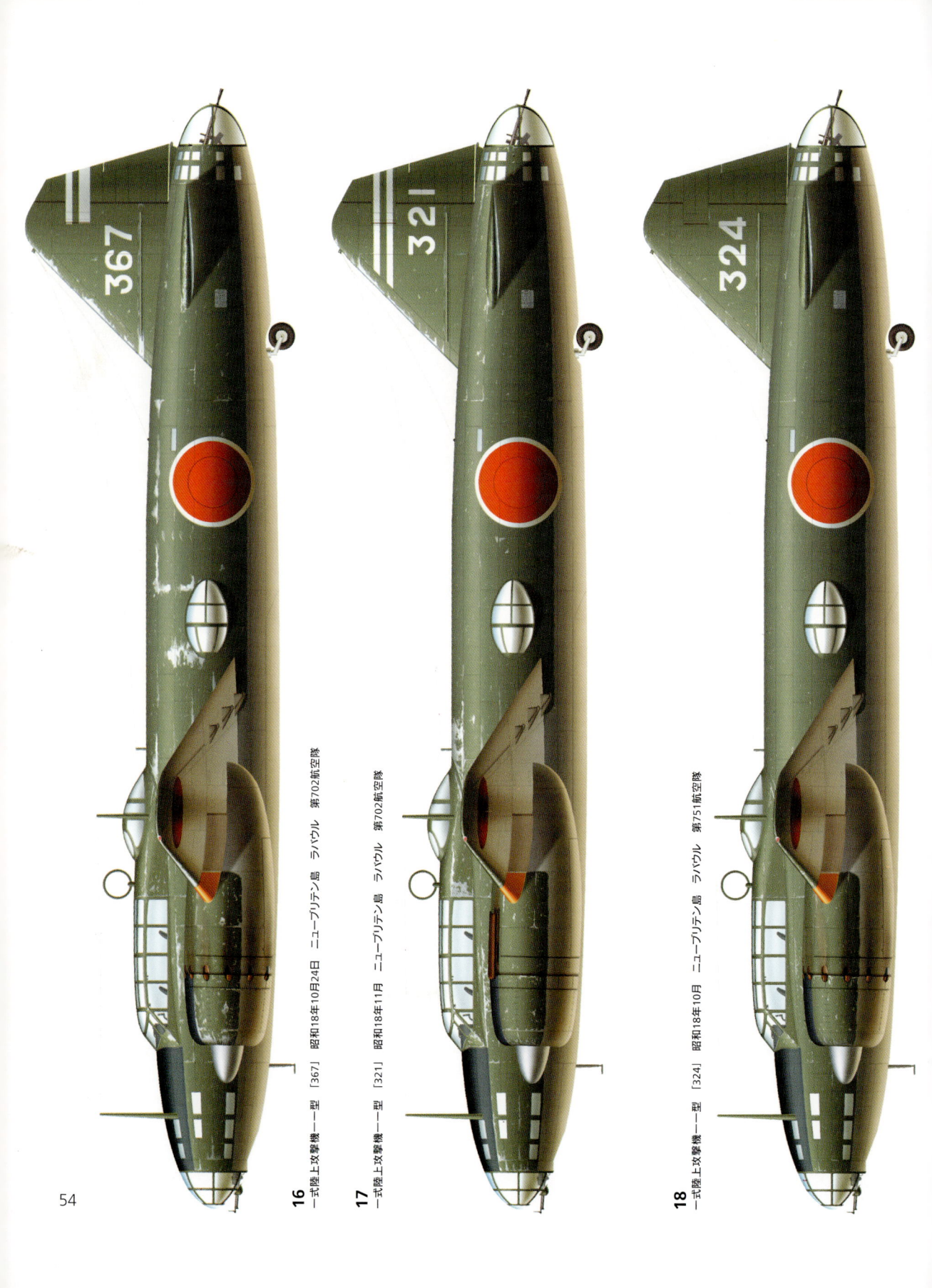

16 一式陸上攻撃機一一型 [367] 昭和18年10月24日 ニューブリテン島 ラバウル 第702航空隊

17 一式陸上攻撃機一一型 [321] 昭和18年11月 ニューブリテン島 ラバウル 第702航空隊

18 一式陸上攻撃機一一型 [324] 昭和18年10月 ニューブリテン島 ラバウル 第751航空隊

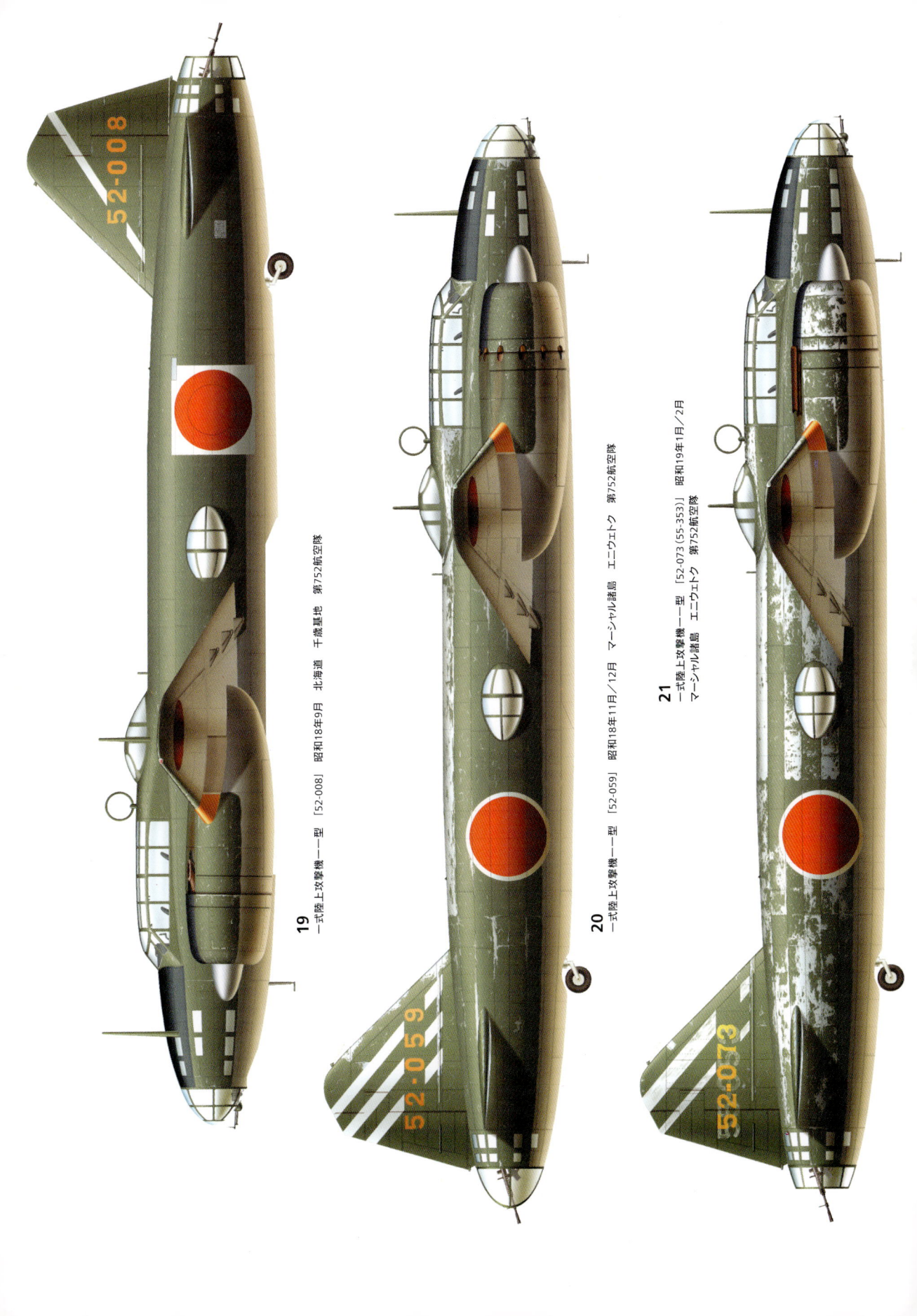

19 一式陸上攻撃機一一型 [52-008] 昭和18年9月 北海道 千歳基地 第752航空隊

20 一式陸上攻撃機一一型 [52-059] 昭和18年11月／12月 マーシャル諸島 エニウェトク 第752航空隊

21 一式陸上攻撃機一一型 [52-073 (55-353)] 昭和19年1月／2月 マーシャル諸島 エニウェトク 第752航空隊

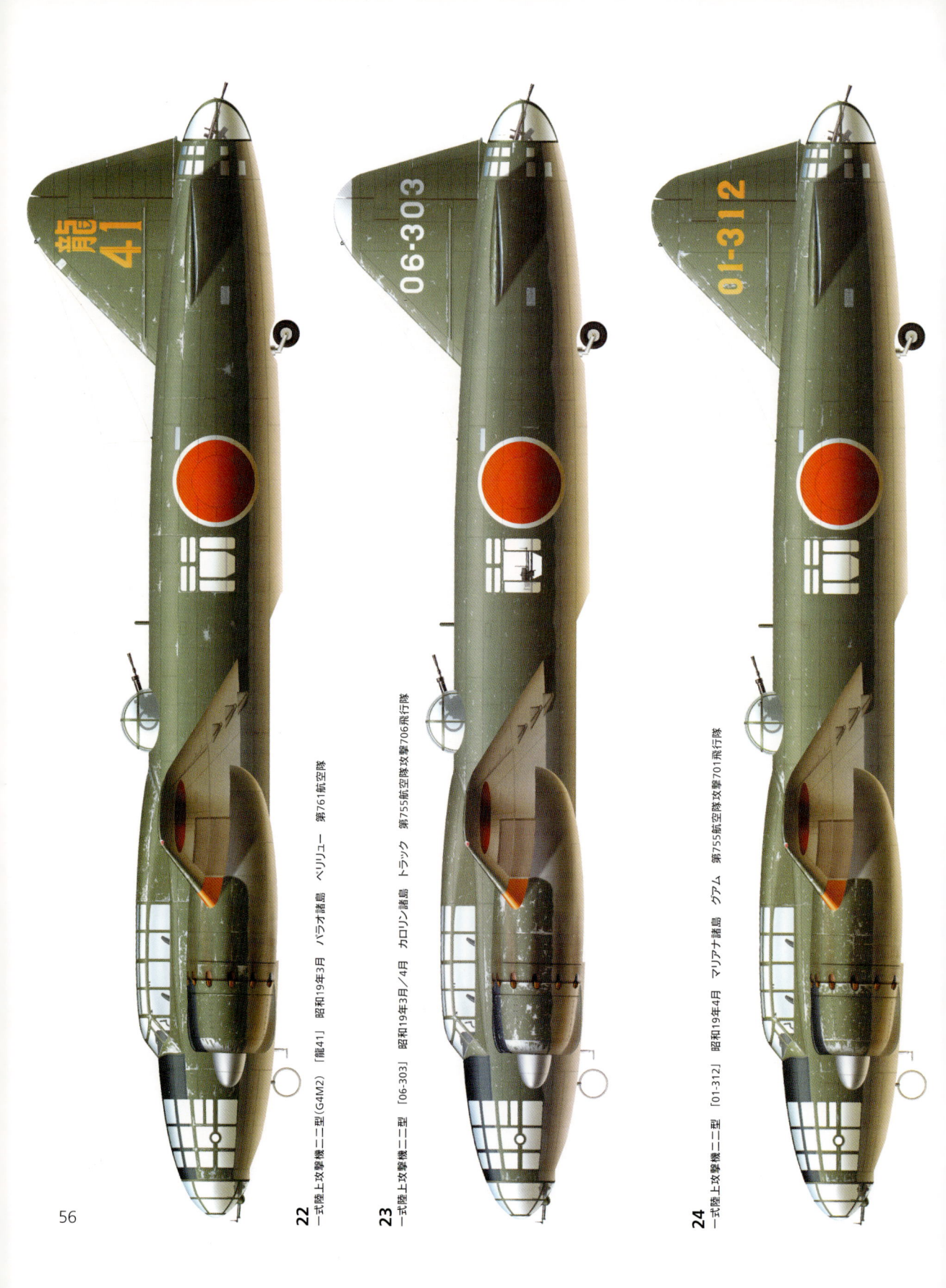

22 一式陸上攻撃機二二型 [G4M2]「龍41」 昭和19年3月 パラオ諸島 ペリリュー 第761航空隊

23 一式陸上攻撃機二二型 [06-303] 昭和19年3月/4月 カロリン諸島 トラック 第755航空隊攻撃706飛行隊

24 一式陸上攻撃機二二型 [01-312] 昭和19年4月 マリアナ諸島 グアム 第755航空隊攻撃701飛行隊

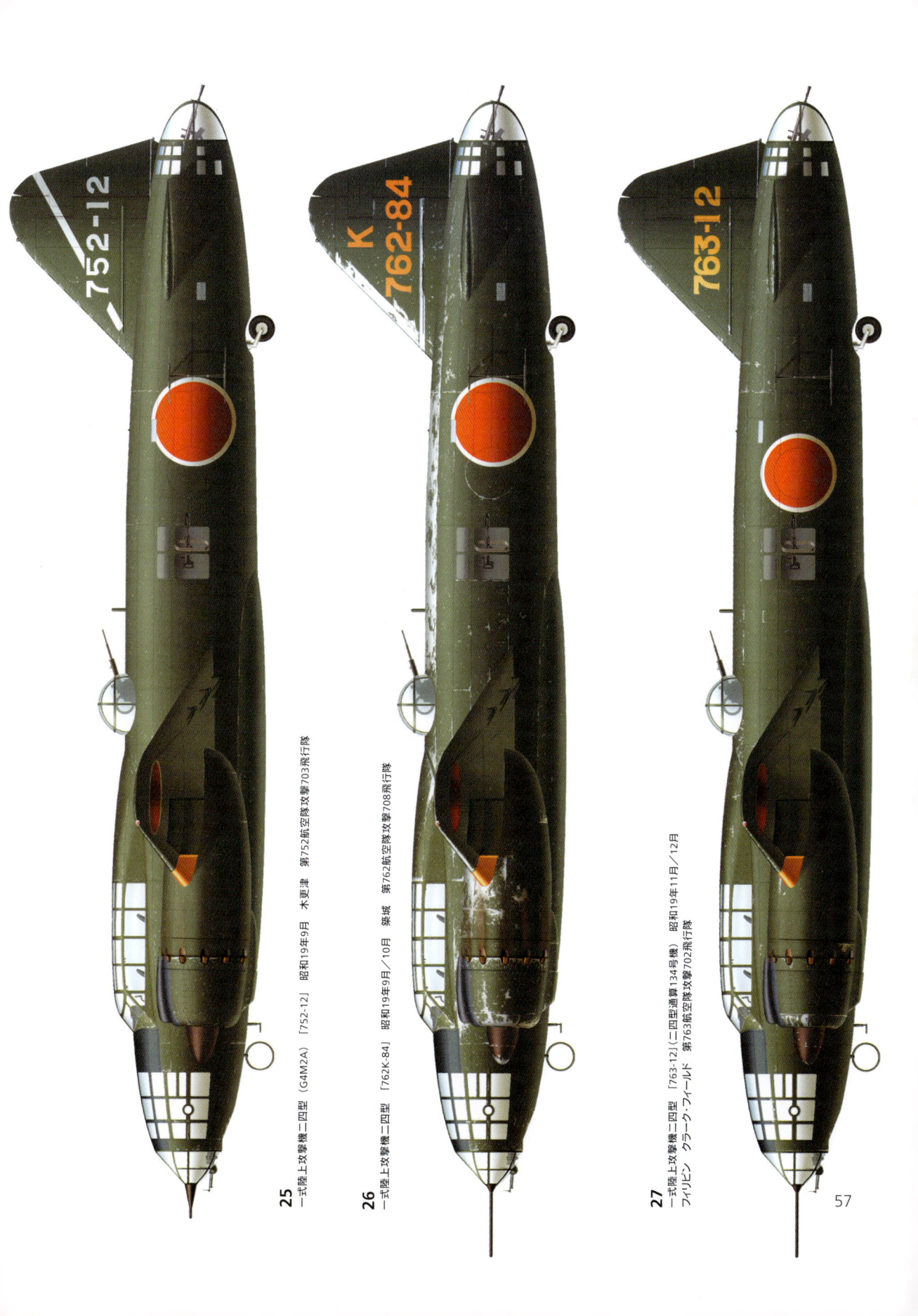

25 一式陸上攻撃機二四型（G4M2A）［752-12］ 昭和19年9月 木更津 第752航空隊攻撃703飛行隊

26 一式陸上攻撃機二四型 ［762K-84］ 昭和19年9月／10月 築城 第762航空隊攻撃708飛行隊

27 一式陸上攻撃機二四型 ［763-12］（二四型通算134号機） 昭和19年11月／12月 フィリピン クラーク・フィールド 第763航空隊攻撃702飛行隊

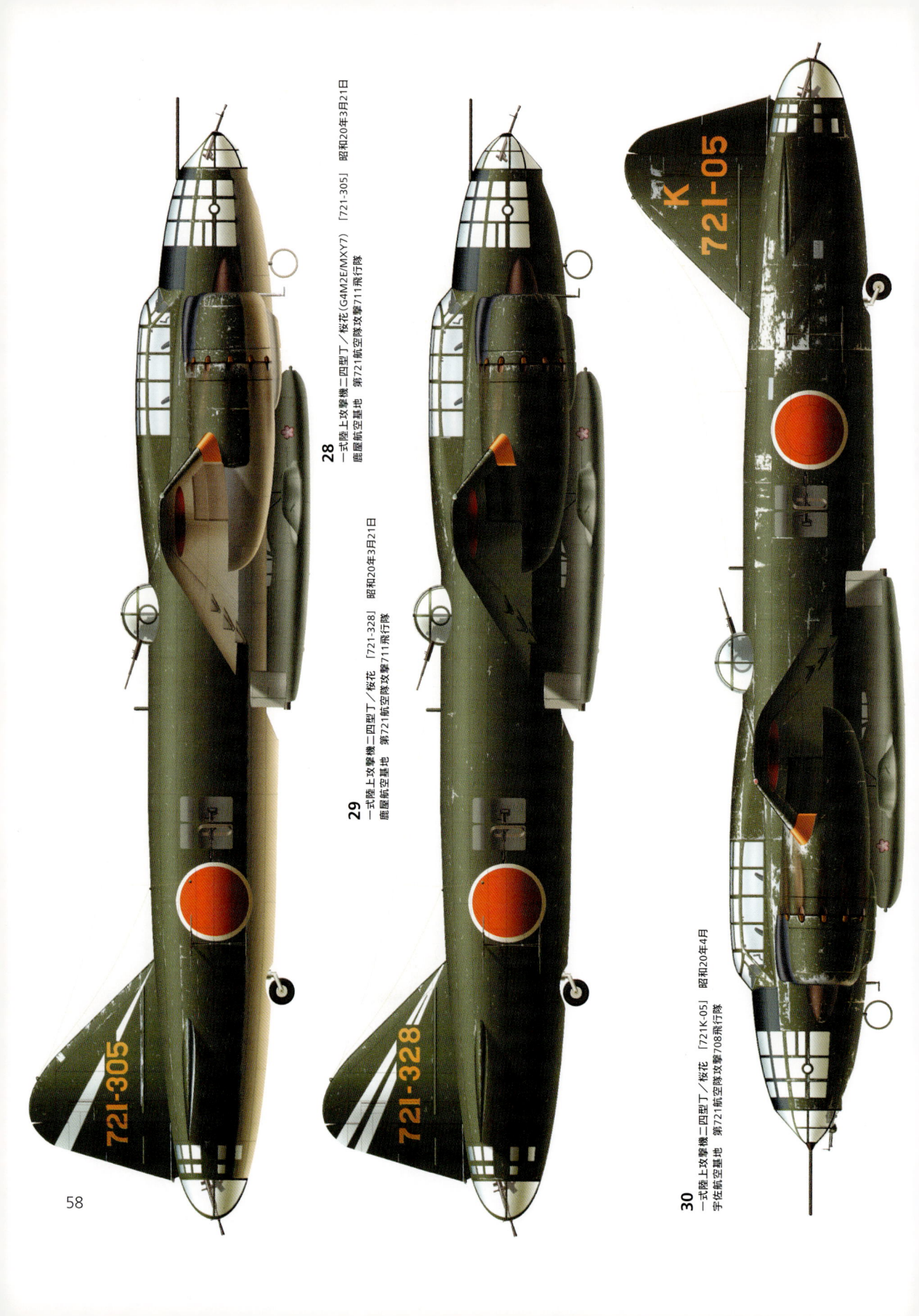

28 一式陸上攻撃機二四型丁／桜花(G4M2E/MXY7) [721-305] 昭和20年3月21日
鹿屋航空基地 第721航空隊攻撃711飛行隊

29 一式陸上攻撃機二四型丁／桜花 [721-328] 昭和20年3月21日
鹿屋航空基地 第721航空隊攻撃711飛行隊

30 一式陸上攻撃機二四型丁／桜花 [721K-05] 昭和20年4月
宇佐航空基地 第721航空隊攻撃708飛行隊

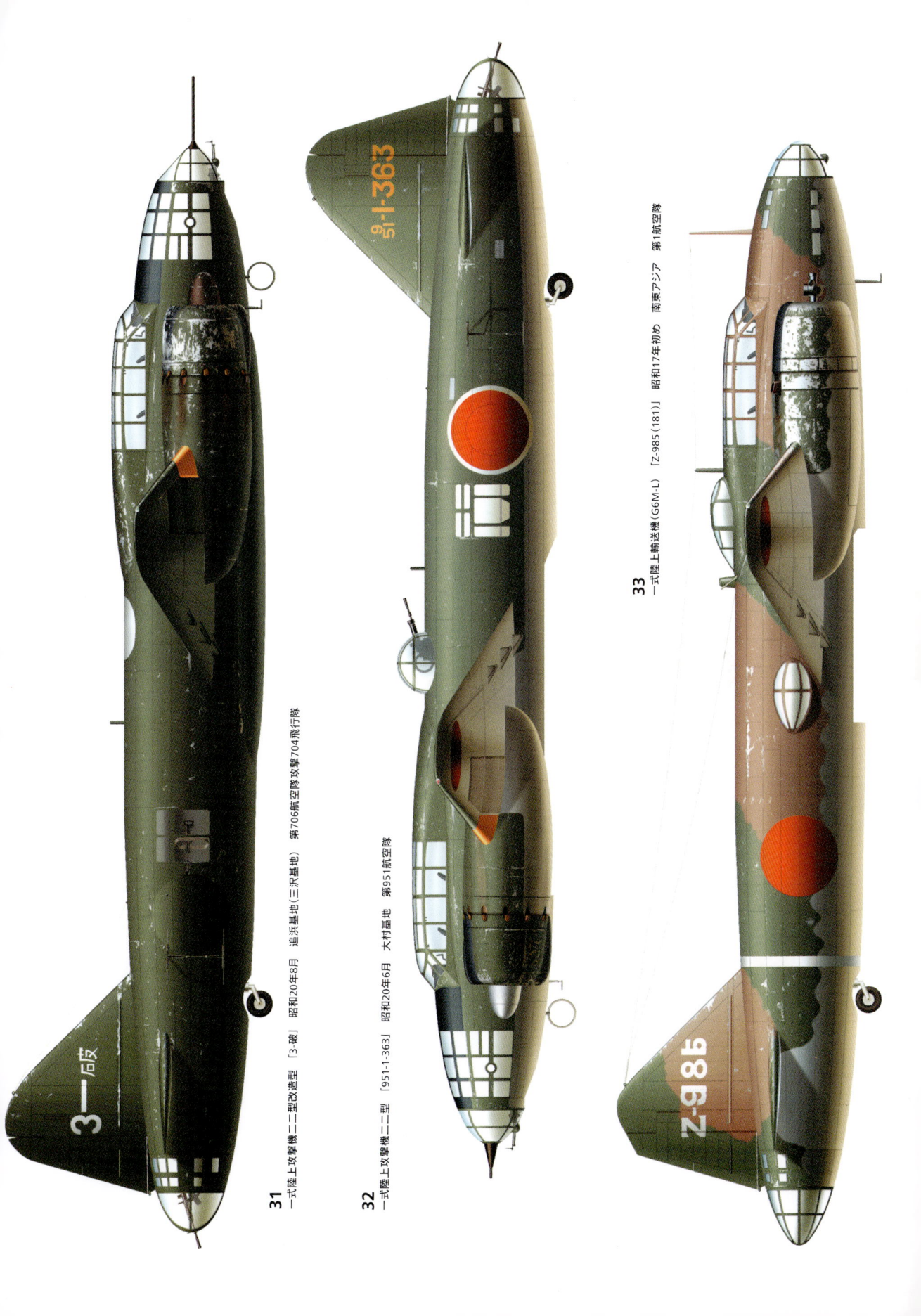

31 一式陸上攻撃機二二型改造型 [3-破] 昭和20年8月 追浜基地（三沢基地） 第706航空隊攻撃704飛行隊

32 一式陸上攻撃機二二型 [951-1-363] 昭和20年6月 大村基地 第951航空隊

33 一式陸上輸送機（G6M-L） [Z-985 (181)] 昭和17年初め 南東アジア 第1航空隊

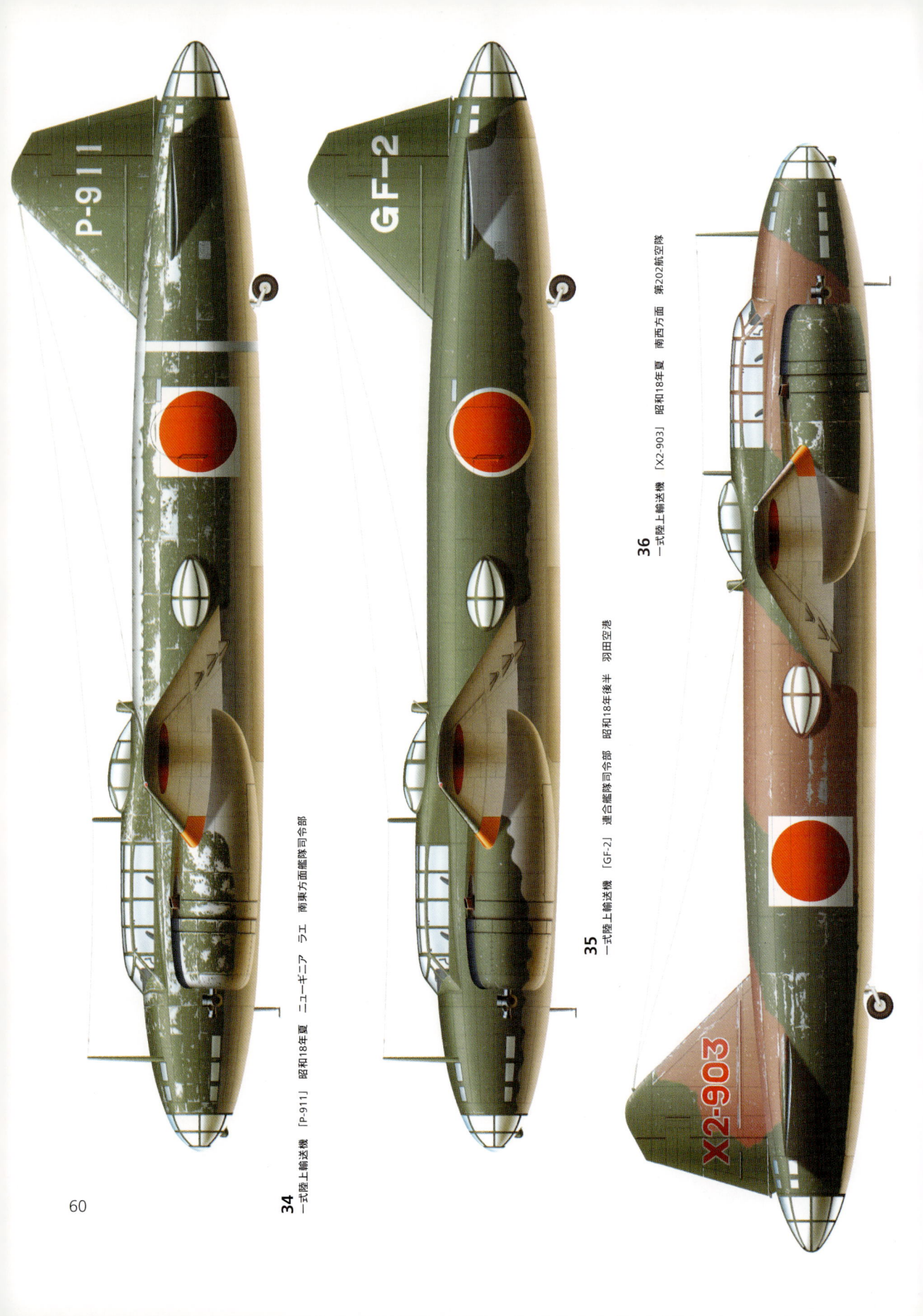

34 一式陸上輸送機 [P-911] 昭和18年夏 ニューギニア ラエ 南東方面艦隊司令部

35 一式陸上輸送機 [GF-2] 連合艦隊司令部 昭和18年後半 羽田空港

36 一式陸上輸送機 [X2-903] 昭和18年夏 南西方面 第202航空隊

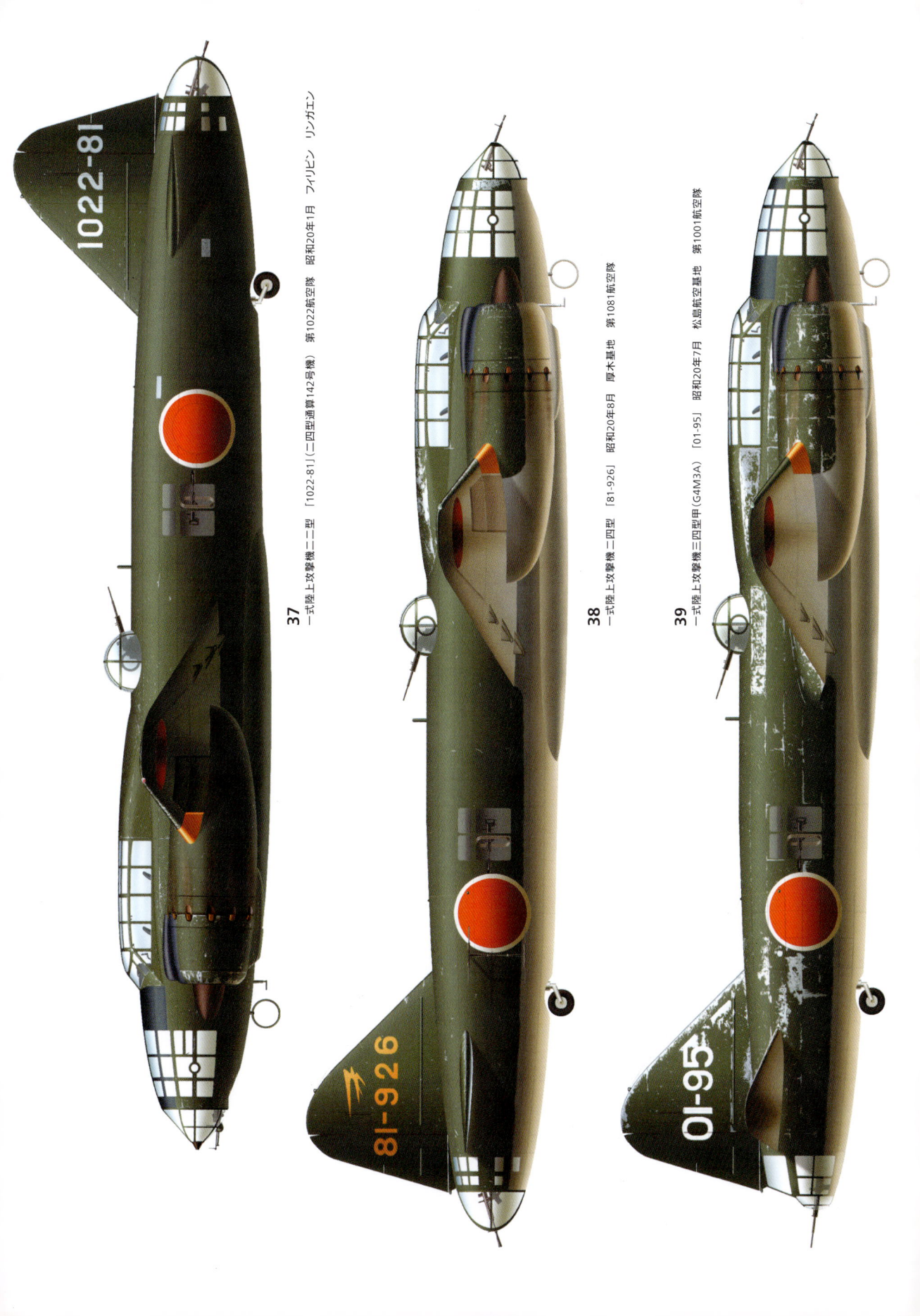

37
一式陸上攻撃機二二型　［1022-81］（二四型通算142号機）　第1022航空隊　昭和20年1月　フィリピン　リンガエン

38
一式陸上攻撃機二四型　［81-926］　昭和20年8月　厚木基地　第1081航空隊

39
一式陸上攻撃機三四型甲（G4M3A）　［01-95］　昭和20年7月　松島航空基地　第1001航空隊

の数字に替って、三桁の数字番号を与えられた。大多数は11月1日から変更が行われたが、鹿屋空と高雄空については10月1日から実施された。陸攻部隊は700番台の数字が付けられ、鹿屋空は751空に、高雄空は753空となった。

　陸攻部隊によるガダルカナルへの夜間攻撃は、8月29日という早い段階から始まっていたが、この時点ではなるべく損害を少なくし、一方で米軍に一定の圧力を加え続けるという必要性から、さらにその頻度を増していた。使い古され、しかも同調のとれない火星エンジンのブーンと唸る音が、海兵隊にとってヘンダーソン飛行場の夜の馴染みとなった。この音は「洗濯機チャーリー」と呼ばれ、南太平洋戦で長く語り継がれる象徴的な言葉のひとつとなった。

　しかし、うるさいだけの夜間攻撃では「鬼畜米国」からガダルカナルを奪い返すことはできない。陸攻部隊は10月11日から、ヘンダーソン飛行場を奪回しようという最大限の努力の一環として、一連の大規模な昼間攻撃を行った。またブインの飛行場が使用可能となり、これによって一日に複数回の攻撃をかけることが可能となった。

　しかし11日は厚い雲が一帯を覆い、攻撃を妨げた。それまで最大となる45機の一式陸攻がガダルカナルに向かいながらも、西岡一夫少佐の指揮する751空の18機のみが雲の下に出て、なんとか投弾することに成功した。爆弾は目標付近に広範囲にわたって落ち、F4Fとの格闘で751空も1機が撃墜され、1機はブインに着陸する際に大破した。

　13日の早朝には753空分遣隊の牧野滋次大尉が率いる混成部隊一式陸攻25機が、ヘンダーソン飛行場と新しい戦闘機飛行場を襲った。敵機の迎撃もなく、陸攻隊は滑走路を爆弾で掘り返し、B-17を1機と、その他1ダースほどの飛行機を破壊、5000ガロンの航空燃料を燃やすことに成功した。この戦闘で753空の1機が被弾してレカタ湾に不時着水した。午後には751空の14機がヘンダーソン飛行場を爆撃、被害なしで帰投した。

　10月13日から14日にかけての夜半、ヘンダーソン飛行場は日本海軍の戦艦金剛と榛名の14インチ砲によって1時間にわたる艦砲射撃を受け、全作戦中最もひどい損害を受けた。これによって飛行場は煙る廃虚と化した。

　少し後の14日昼過ぎ、木更津空8機、三沢空9機、753空9機の計26機の陸攻がヘンダーソン飛行場とファイター・ワン飛行場を妨害を受けることなく爆撃した。しかし続く751空、12機の攻撃は予期せぬ米軍戦闘機の迎撃を受けた。ガダルカナルの頑強な防空隊は皆殺しにされたわけではなかったのだ。3機の陸攻が撃墜され、4機めはなんとかレカタ湾まで辿り着いた。15日には753空6機、三沢空9機、木更津空8機の計23機が投弾。戦闘機の迎撃はなかったものの、対空砲火によって14機が被弾、うち1機がラバウルのシンプソン湾に不時着水した。

　陸攻部隊は陸軍第17軍が米軍に対する大規模な反撃の準備をしているのに合わせ、敵陸上部隊の位置に関心を向けていた。10月17日、18機の陸攻がルンガ岬周辺の敵陣地を攻撃、木更津空の1機がレカタ湾に不時着水して失われた。翌日には15機の陸攻がF4Fの激しい迎撃を受けながら、ルンガ川の西側の陣地を爆撃、三沢空の2機が撃墜され、さらにもう1機が被弾によって不時着した。

　20日には753空の9機がワイルドキャットによる小規模な反撃を受けたものの、被害なく帰投、翌日の9機の木更津空も無傷で戻った。しかし23日には16機の陸攻が米軍戦闘機の迎撃にあい、三沢空の1機が撃墜された。

ほぼ連日の出撃に、陸攻搭乗員は疲弊し、10月24日の攻撃は取り止めとなった。この晩、陸軍部隊はガダルカナル島を奪回するための最大の賭けに打って出た。戦闘の混乱の中で、陸軍部隊は飛行場の外郭を破ってその内側に進攻したかに見えたが、それは錯覚であった。

　25日の早朝、陸軍からルンガ川左岸の米軍陣地攻撃の要請を受け、木更津空9機、753空7機の計16機が出撃。部隊は空中戦でそれぞれ1機を失った。27日には全千歳空が増強のためにラバウルに再飛来する一方、戦闘で傷ついた753空の分遣隊は、31日に残された陸攻6機で本来の戦線である南西方面に戻っていった。

　26日には大規模な空母同士による南太平洋海戦が行われ、日本海軍が勝利を納めたかに見えた。しかし戦闘によって多くのベテラン搭乗員を失い、陸軍部隊もヘンダーソン飛行場の占領に三たび失敗した。海戦での勝利も虚ろなものに思えた。

　先にも述べたように、11月1日には日本海軍の全航空部隊の改編が行われた。陸攻部隊も10月に先行して改変された以外の、すべての部隊が次のように改称された。

　　　　美幌航空隊→701航空隊
　　　　第4航空隊→702航空隊
　　　　千歳航空隊→703航空隊
　　　　三沢航空隊→705航空隊
　　　　木更津航空隊→707航空隊
　　　　第1航空隊→752航空隊
　　　　元山航空隊→755航空隊

　10月の後半、751空がニューギニア方面で実施した作戦は、ポートモレスビーに対する小規模な集中的夜間攻撃であった。パプアにいる陸軍部隊は完全に守勢に転じており、連合軍航空部隊からの強まる圧力に曝されていた。そのため、10月29日、705空の9機の一式陸攻がココダに対して物資投下を試みたが、武器や食料の不足を軽減することはほとんどできなかった。

　11月になって751空が3機の一式陸攻でポートモレスビーに対する夜間攻撃を再開した。10月末のガダルカナル作戦では、夜間攻撃が陸攻の活動領域になったかと思わせる様相を呈していた。しかし、11月5日になって、陸攻部隊では最も人望の厚い指導者のひとりであり、705空の新しい飛行長となった三原元一少佐が自ら27機を率い、ヘンダーソン飛行場に白昼攻撃をかけた。米軍戦闘機との遭遇はなかったが、対空砲火により703空、705空からそれぞれ1機が撃墜された。

　5日後、707空の一式陸攻10機が、パプアの北部海岸にあるブナで必死の防戦を行う日本軍に対し、物資投下を行った。11日には25機の陸攻がガダルカナルを攻撃、703空と705空が2機ずつの被害を出した。うち3機は敵戦闘機により、残り1機は作戦上の失敗（空中衝突）によるものであった。

　11月12日には昇進したばかりの中村友男少佐指揮の705空7機、703空9機、707空3機からなる19機の一式陸攻が雷装して、ルンガ沖の「古くからの知りあい」、ターナー少佐率いる米大輸送船団を追って出撃した。しかしその後に起こったことは、ラバウル陸攻隊に負い切れぬ重荷を負わせることになった。

　第121と第112海兵戦闘飛行隊のＦ４Ｆと陸軍の第6戦闘飛行隊のP-39、さらに艦船の対空砲火が、雷撃針路に入るために低空で並んで飛ぶ陸攻を狙

い撃ちした。指揮官機のいる先頭の705空は3機を撃墜され、中村少佐の乗る指揮官機を含む3機がブインに緊急着陸、1機だけがブナカナウに戻った。しかしそれでも705空は残りの703空、707空に較べるとまだましな方だった。703空の中隊9機のうち、帰投したのは1機のみ。6機が米軍戦闘機によって撃墜され、指揮官の福地栄彦予備中尉を含む2機がガダルカナル島に不時着、大破した。しかし搭乗員は島の陸軍兵に救助され、原隊に戻ることができた。

707空の小隊は徹底的にやられた。1機が撃墜され、残りの2機は不時着水して搭乗員9名が戦死した。出撃した19機の一式陸攻のうち14機が撃墜され、10組のペアが失われた。魚雷は1本も命中せず、名誉の自爆を遂げた陸攻によって米海軍の巡洋艦サンフランシスコが、死傷者の出る損害を出しただけであった。これが敵に与えた唯一の損害であった。

この地域に残された戦闘能力をもつ唯一の陸攻隊として、751空が11月の残りの戦闘行動を行った。16日、連合軍がブナに成功裡に上陸すると、それまでソロモン一辺倒だった航空作戦は、一時的にニューギニア方面に振り向けられた。しかし実際のところ751空は、一連の小規模な夜間攻撃を行っただけだった。

703空はその一方で、戦力回復のため11月19日、南東方面から日本に向けて移動した。しかし同隊は昭和18(1943)年3月15日に解隊され、二度と戦場に戻ることはなかった。

解隊の運命は707空にはもっと早く訪れた。ガダルカナルで消耗したこの由緒ある部隊は、昭和17年12月1日にその輝かしい戦歴に終止符を打った。707空の生き残りは705空に吸収され、その第4中隊を編成することになった。

12月1日、前・美幌空の701空は、もはや時代遅れとなった九六陸攻36機をもってラバウルに進出した。事実上、12月の陸攻の航空作戦はこの701空が担い、作戦のほとんどは夜間攻撃として、まれに751空の一式陸攻の支援を受けながら行われた。

ニューギニアの日本軍は最後まで激しい抵抗をしつつも、12月末までに全滅した。小さな集団がその後も抵抗を続けたが、組織的な戦いは二、三日後には終息した。そして12月31日、大本営はガダルカナルにおける敗北という事実も認めざるを得なかった。ガダルカナルからの撤退が決定され、それは公式には年が改まってから下令された。

レンネル島沖海戦
Battle of Rennell Island

昭和18年になると、陸攻部隊の南東方面における作戦は、夜間に行われることが増えた。この地域には一式陸攻を装備した705空、751空と九六陸攻装備の701空がおり、1月の大半をニューギニアとガダルカナルの夜間作戦に費やした。

しかし17日には数少ない昼間攻撃が三原少佐の指揮の下、705空の23機でミルン湾に対して行われた。B-17を2機、P-39を2機、B-24を1機、オーストラリア空軍のハドソン1機を地上破壊し、損失なく帰投した。

1月29日には大きなチャンスが訪れた。索敵機がガダルカナル島南のレンネル島近くにかなり大規模な敵艦隊を発見した。8月18日と11月12日の2回の雷撃行での失敗、という苦い経験によって、在ラバウルの陸攻隊は白昼の

雷撃は大きな損害にもかかわらずほとんど成果を見ず、米艦隊によって防がれてしまうという結論を認めざるを得なかった。しかし、よく錬成された701空、705空のベテランたちには残された切り札があった。夜間雷撃である。

705空の中村友男少佐率いる16機の一式陸攻は、すべて夜間雷撃の訓練を積んだクルーが乗り込んでいた。さらに701空の九六陸攻15機は飛行長で三原元一少佐と並ぶ陸攻隊の指導的人物、檜貝襄治少佐に率いられていた。705空が先に戦場に到達した。

夕暮れの最後の灯が西の水平線に残っている中、中村少佐は部隊を率いて艦隊の南側にまわりこみ、右舷船尾部から接近していった。船体のシルエットを水平線上に捉えつつ、自らは暗闇に溶け込んでの接近だった。

午後7時19分、705空陸攻隊は消え行く薄明かりの中、敵艦隊からの刺すような探照灯の光を浴びながら、攻撃目標に向かって突撃を開始した。この日、米艦隊は最初期の近接信管付砲弾をテスト用に搭載していた。陸攻隊は惜しくも米巡洋艦ルイスヴィルに魚雷を命中させそこなった。一方、今村文三郎一飛曹機が重巡シカゴの後方に火の玉となって墜落したのが唯一の被害であった。705空はギッフェン少将の指揮する第18任務部隊の不意をつき、実質的な損害は無かったにもかかわらず、乗組員たちを震撼させた。

熱帯の夜が突然のように帳を下ろした。1機の索敵機が米艦隊を尾行し、暗闇の中で赤と緑の航法灯を点灯し、さらにパラシュートのついた照明弾を投下、一帯を明るくした。午後7時40分、701空の九六陸攻が突撃を開始、重巡シカゴの右舷から2本の魚雷を投下した。ルイスヴィル、ウイチタにもそれぞれ雷撃が行われ、命中したものの両方とも不発であった。701空は2機の陸攻を失ったが、そのうちの1機は檜貝少佐が搭乗しており、かえがたい損失となった。

翌30日の昼間、時速4ノット（7km/h）で曳航されている傷ついたシカゴが発見された。一方、751空が前日カビエンからブカに進出していたが、この航空

昭和18年5月2日、対空砲火の弾幕を縫ってダーウィン上空を飛ぶ753空の一式陸攻。7機の陸攻と、掩護についた202空の零戦7機が損傷したが、1機の喪失もなかった。防空にあたったスピットファイアは、少なくとも14機を失い、うち5機は日本側の直接攻撃によるものと思われる。(via Edward M Young)

隊の搭乗員の技量は、戦争初期の段階よりかなり劣っており、705空や701空のように夜間雷撃を行うことはできなかった。

損害の大きい昼間攻撃を断念し、西岡一夫少佐は11機の一式陸攻を率いて、30日の午後ブカを出撃、重巡シカゴをレンネル島の北側に発見した。第10戦闘飛行隊のF4Fが迎撃に突進してきたので、午後4時10分、西岡少佐は突撃を下命した。

2機が魚雷投下前に撃墜され、別の機は炎に包まれて隊列から脱落したものの、搭乗員は墜落する前になんとか魚雷を投下、駆逐艦ラバレッテに命中させた。残りの8機は激しい対空砲火の中を突進した。シカゴに到達するまでにさらに2機が撃墜され、残った機が傷ついたシカゴの右舷に午後4時24分、4本の魚雷を命中させた。シカゴは後部から沈み始め、20分で沈没した。6機の一式陸攻が高速で避退したが、さらに2機がF4Fによって撃墜され、結局4機が帰投したものの、うち3機は片発であった。1機はニュージョージアのムンダに着陸、西岡少佐を含む3機はショートランドのバラレに着陸した。

レンネル島沖海戦は、夜間の魚雷攻撃というものをまったく想定していなかった米海軍にとって、やっかいな脅威となった。訓練を積んだ日本の陸攻搭乗員にとって夜間雷撃は決して目新しいことではなかった。ただ勝ちに乗った緒戦期には、夜間雷撃を行う必要も、機会もなかっただけなのだ。

レンネル島沖海戦は海軍陸攻部隊が未だ、敵に対して脅威の念を抱かせる存在であることを立証した。しかしこの海戦は同時に陸攻部隊にとって、大きな戦果を海戦であげた最後の戦いとなった。開戦前からの古参搭乗員たちは後任を養成する暇もなく戦いに斃れ、その損失はあまりにも多かった。後任の搭乗員たちの質は低下せざるを得なかった。そして逆に連合軍側は戦力を増強しつつあり、陸攻部隊は作戦において大きな成果をあげることが困難になりつつあることを、身をもって体験せざるを得なかった。

日本軍の航空戦をめぐる状況の変化と、それに伴う政策の変更がまがりなりにも反映されたのは、昭和17年の秋に日本に帰還した第4航空隊の訓練体制においてのみだった。部隊はいまや薄暮と夜間の単機攻撃に重点を置いていた。艦艇に対する魚雷攻撃はあいかわらず強調されたが、堂々としたV字型編隊による、27機での昼間攻撃はもはや過去のものとなっていた。

南東地域では損害が続いていた。檜貝少佐がレンネル島で戦死したわずか4日後、705空の三原元一少佐が悲劇的な状況で落命した。少佐は敵によって撃墜されたのではなく、僚機と索敵攻撃の最中に悪天候によって空中衝突したのであった。この悪天候下で少なくとも6機が失われ、5組のペアが戦死した。

夜間攻撃は2月と3月、依然として主要な攻撃方法だったが、まれに昼間攻撃も行われた。その間、九六陸攻を装備した701空は12月からの絶え間ない消耗によって、3月15日に解隊され、搭乗員の1分隊が705空に吸収された。

■ オーストラリアへのさらなる攻撃
More Australian Raids

南東地域の外側では、戦争の進行はそれほど激しくなかった。これらの地域では未だ陸攻隊は零戦の掩護を伴って、過大な損害もなく昼間攻撃に従事していた。

23航戦は北西オーストラリアに対する航空作戦を1943年3月15日に再開

し、753空の19機の一式陸攻がダーウィンの石油貯蔵所を攻撃した。攻撃隊は前・3空の202空の零戦26機に掩護されていた。イギリス空軍第54飛行隊およびオーストラリア空軍第457飛行隊のスピットファイアVc型と空中戦になったが、スピットファイアは8機の陸攻に損害を与えただけだった。零戦1機が撃墜されたが、逆にスピットファイアは4機を落とされた。

5月2日にはダーウィンのイギリス空軍基地を18機の陸攻が襲った。陸攻隊は迎撃を受ける前に爆弾投下に成功した。撤退の際に起きた空中戦で、掩護していた26機の零戦はすばらしい活躍を見せた。日本機の損失は1機もなかったのに対し、イギリス空軍は少なくとも14機のスピットファイアを失ったのだ。そのうち5機は202空の零戦によるものであった。

ちょうど1週間後、753空の一式陸攻7機がダーウィンのおよそ450km東にあるマーネムランド半島の海岸、ミリンギンビの飛行場を攻撃するために、西部ニューギニアのバボに進出した。28日に9機の一式陸攻がミリンギンビを襲った際、第457飛行隊のスピットファイアが飛行場を防衛しているのが発見された。7機の零戦では陸攻を掩護するには不充分で、陸攻2機が撃墜され、もう1機が片発となりながら3時間余の飛行を経て、辛うじて基地に辿り着いた。その機は着陸時に大破、廃棄処分となった。

6月28日、9機の陸攻が27機の零戦に掩護されてダーウィンを襲った。1機の一式陸攻が帰投の際に、東ティモールのラウテン西に不時着大破した。もう1機は左舷のエンジンから火を噴いたが、新しく装備された消火装置がうまく作動し、火を消すことに成功した。

連合軍が着々とダーウィンに重爆撃機を配備している状況を懸念し、6月30日、753空の一式陸攻23機はフェントンを爆撃、大きな成果をあげた。陸攻隊が海岸に到着した時点でスピットファイアが迎撃してきたが、陸攻は編隊を緊密にし、202空の掩護が功を奏して目標へと突き進んだ。4機のB-24とCW-22、1機が地上で破壊され、施設と集積所も同じように被害を被った、1機の陸攻が帰投時、着陸に失敗して大破したことを除けば、被害はなかった。

7月6日、一式陸攻26機が零戦の掩護の下でふたたびフェントンを襲ったが、この作戦は困難なものとなった。40分にわたるスピットファイアとの戦闘で陸攻1機が撃墜され、別の1機がひどく被弾した。この1機は爆弾投下前に編隊を脱落、結局ティモールに着陸、大破した。スピットファイアの最大限の努力にもかかわらず、爆撃は成功し、主滑走路に破孔を穿ち、2万7000ガロンの燃料を焼失させた。B-24、1機が破壊され、3機が損害を被った。2機めの陸攻が撤収の際に撃墜され、残った19機のうち13機が被弾。5名の搭乗員が機上戦死し、3名が重傷を負って帰投した。

この作戦では珍しく個人感状が丸岡虎雄上飛曹に与えられた。上飛曹は3中隊3小隊1番機の機長／偵察員として攻撃に参加、スピットファイアの攻撃を受け、主操は戦死、副操が重傷を負ったため、自ら機を操縦して何とか基地まで持って帰り、無事に着陸させたのである。

7月6日の作戦はダーウィンに対する最後の昼間攻撃となった。しかし夜間攻撃はこの後、4カ月にわたって行われた。最後のダーウィンに対する攻撃は11月11日から12日にかけての夜半に行われ、753空は1機を失った。この機には新しく着任したばかりの飛行長堀井三千雄中佐と、分隊長の藤原武治大尉が搭乗していた。ふたりの士官搭乗員の損失は部隊の指揮に回復しがたい打撃を与え、それ以降のダーウィンへの作戦はただちに中止となった。

これより後、連合軍の反攻は勢いを増し、他の戦域の需要により、南西方面の陸攻部隊は最終的に抽出されていった。しかし、これに先だって、この地域でもうひとつの記述に値する陸攻の作戦があった。
　昭和18年11月、戦いに傷ついた705空はスマトラ島南岸のペダンに着いた。そしてニューギニアとソロモンでの作戦に備えて、休息と戦力回復にあたっていた。回復の後も、705空はこの地域に長く留まり、18年の11月から19年の1月の間、中部太平洋に転用された753空に替って哨戒任務についた。
　昭和18年12月、705空は長らく計画されていたインドへの爆撃作戦に参加した。9機の一式陸攻がビルマのトングーに移動、12月5日、掩護の331空の零戦27機とマグエ上空で合同し、カルカッタを目指した。陸攻は陸軍の第7飛行団に続く第2波として攻撃に参加、キタポールの造船所を成功裡に爆撃、全機無事に帰還した。これは陸軍か独占していたこの地域で、唯一海軍の為した貢献であった。
　しかし翌年2月にはこの地域を去り、米軍が一度ならず猛攻をかけてきているペリリュー島に転進した。南西地区には搭乗員の錬成部隊である732空が唯一残された。732空は昭和18年10月1日、豊橋で開隊、同年12月からマラヤのアエルタワルを基地としていた。同隊はこの地域で対潜哨戒に従事していたが、昭和19(1944)年4月、米軍の侵攻に対する前線であるフィリピンのディゴスに向けて移動した。

chapter 7
「い」号作戦
operation i-go

　連合軍の南東方面での勢力増大は不吉な兆候であった。連合艦隊司令長官山本五十六大将は一時的な体勢として、海軍機動部隊の全兵力を以てこの決定的な脅威に対抗しようと決意し、ラバウルからカビエンに進出するように命じた。機動部隊艦載機はこれらの基地から陸上部隊とともに、同方面の敵航空兵力と艦船に一連の大規模攻撃を行った。
　「い」号作戦として知られるこの航空部隊の大規模な運用は、昭和18(1943)年4月3日、ラバウルに将旗を移した山本長官と、連合艦隊の幕僚によって直接行われた。主要な攻撃は戦闘機と単発の爆撃、雷撃機によって担われたが、陸上攻撃機もふたつの作戦に参加した。
　まず4月12日、751空の飛行長鈴木正一少佐に率いられた一式陸攻17機と、705空の27機が少なくとも131機の零戦の掩護とともに、ポートモレスビー飛行場を爆撃した。8000mの高度から実施された爆撃による効果は絶大だった。ボーファイター1機、B-25、3機の他に15機の飛行機を地上撃破、滑走路に破孔を開け、燃料集積場に火の手を上げさせた。しかしP-38の迎撃によ

この慰霊碑は、山本五十六大将の僚機に搭乗し、ブーゲンビルから帰還した搭乗員たちによって、戦後の早い時期に建てられた。この写真が撮影された時点では、尾翼の323という機番が明瞭に見て取れる。しかしこの後、心無い者たちによってこの機体は破壊され、尾翼の機番も持ち去られてしまった。
(Second Yamamoto Misson Assosiation via J F Lansdale)

昭和18年5月半ば、705空第4中隊の陸攻がラバウルに帰還するため、テニアンの飛行場を離陸する。尾翼には個々の機番のみが見える。南東方面で作戦する部隊は17年9月以降、部隊番号を消すようになった。三沢空時代と比べると、705空では中隊の帯もずっと細くなっている。写真に据えられた機体はすべて胴体の日の丸が四角の中に描かれており、この描き方は18年の前半までよく見られた。
(via S Nohara)

る陸攻部隊の損害も大きかった。

先導として戦いの矢面に立った751空は、ライトニングによって6機を撃墜され、7機目はラエへの不時着時に大破した。続行する中村友男少佐の率いる705空は11機が被弾したものの、1機がラエ不時着時に大破しただけだった。

14日にはプリンス・オブ・ウェールズ、レパルスを雷撃した古参の宮内七三少佐が705空の飛行長となり、705空の26機、751空の17機を率いてミルン湾を攻撃した。進撃途中、751空は空中衝突の2機を含め、6機が途中脱落し、わずか11機となって攻撃に参加した。目標上空におけるP-38およびイギリス空軍のキティホークとの空戦で、705空はたちまち3機を撃墜され、さらにもう1機がニューブリテン島のガスマタに不時着、大破した。一方751空も1機がガスマタに不時着、大破した。少なくとも2機の陸攻が第49戦闘航空群第9戦闘飛行隊のリチャード・ボング中尉によって撃墜されたとされる(詳細は本シリーズ第13巻「太平洋戦線のP-38ライトニングエース」を参照)。

帰投した搭乗員による過大な戦果報告に幻惑され、山本大将は「い」号作戦の目的は達成されたと判断し、4月16日に作戦の終了を宣言した。攻撃は報告通り実施されたが、全体的に連合軍の損害は日本側が想像したものよりはるかに低く、連合軍の戦力を弱める、という意味ではまったく不充分だった。

4月18日、山本長官とその幕僚は705空の一式陸攻2機に分譲し、ラバウルのラクナイ(東飛行場)を出発、前線基地を視察するために出発した。陸攻はブーゲンビル島南端の沖、ショートランド島バラレの小さな飛行場に向かったが、彼らは辿り着けない運命にあった。

よく知られているように、陸攻は暗号解読によって、ガダルカナルから飛来したP-38に待ち伏せされた。山本長官はベテラン小谷立飛曹長の操縦する

323号機に搭乗していたが、ブーゲンビル島南端のモイラ岬付近のジャングルに突入戦死。林浩二飛曹操縦の谷村博明一飛曹長機326は海岸に突っ込んだ。参謀長の宇垣纒中将と林操縦員を含む2名の搭乗員だけが生き残った。

日本で最も有能と言われ、航空に対しても理解のあった山本長官は、陸上攻撃機が誕生するきっかけを作った人物でもあったが、その陸攻で死を迎えた戦場は、すでに多くの陸攻が黒焦げとなって散乱している場所でもあった。

705空にとって、これが同日の損害すべてではなかった。その晩、10機の一式陸攻がブカからガダルカナルに向い、19日早朝、目標上空で古屋貞男飛曹長機を失った。彼の機は第6夜間戦闘飛行隊のアール・C・ベネット大尉の搭乗するダグラスP-70によって撃墜された。古屋機は米陸軍航空隊の夜間戦闘機による初の撃墜と推測された。もはや夜の闇も陸攻にとって安全な隠れ蓑とはならなくなったのである。

中部ソロモン
Central Solomons

5月になると25航戦は麾下の702空(前・4空)、251空(前・台南空)を伴って

705空第3中隊の一一型がラバウルのシンプソン湾上空を飛ぶ。昭和18年半ばの撮影。手前の360号機が尾部銃座の先端を切り落としていることに注意。この改修は18年春頃、尾部の20mm銃の射界を広げるために行なわれた。銃手はさまざまな方向から来る敵機に防御砲火を浴びせなければならないが、もとの銃座では左右の旋回角が狭く、1方向しか狙えなかったためである。705空は元来3個中隊編成であったが、17年12月に解隊された前・707空を統合することで4個中隊となり、各中隊の白帯ならびに機番の組み合わせも変更された。(Fujiro Hino via Koku Fan via Dr Yasuho Izawa via Larry Hickey)

昭和18年7月30日、連合軍の艦船に対して悲惨な結果に終わる雷撃行を敢行した後、ニューギニアのバグマール海岸に不時着した705空の336号機。705空は急派した9機のうち、他に4機の陸攻とペアを失った。702空は17機が出撃、14機の機材と13ペアを失った。
(Al Simmons Collection via Larry Hickey)

機番336号機の左側を見る。この機体は昭和18年6月30日の作戦に桜井秋治上飛曹の指揮で参加、激しく被弾して、撃墜されたものと思われる。尾翼の横帯はかつて3個中隊のときには第2中隊を示していたが、705空が4個中隊編成になってから、第3中隊を示すようになったと思われる。しかし本機は例外で、機番は第2中隊を示している。
（via Robert C Mikesh）

編隊を組んで中部ソロモン上空を飛行する705空の一一型。手前の機体の塗装がひどく剥離していることに注目されたい。機体の上面が無塗装に見えるのは、塗装の施されていない別のパーツと取り換えたからと思われる。いずれにせよ、この戦域での闘いの熾烈さを偲ばせる。（via Robert C Mikesh）

ふたたび南東地域に戻ってきた。702空は47機の一式陸攻を保有し、5月14日までにラバウルのブナカナウ（西飛行場）に進出、その前の晩には6機でガダルカナルの目標を攻撃、最初の出撃を果たした。14日には同じく4月27日から一連の錬成と休養のためにテニアンに戻っていた705空がラバウルに戻ってきた。

こうした部隊がラバウルに戻ってくる一方で、751空は代わりにテニアンで応分の働きをしたことに対する休養のために移動することとなっていた。しかし、

――型の上部ブリスター銃座で九二式機銃を構える銃手。昭和18年の夏、ソロモン諸島上空と思われる。ブリスター銃座を覆う風防の後半部が銃手の前方、機銃の下側に収納されている。九二式機銃は第一次世界大戦時のイギリス製ルイス旋回機銃から派生しているが、ほとんど変わっていない。18年の敵地上空において、この銃で我が身を守ることはすでに不可能であった。(via edward M Young)

爆装した751空の第1中隊、Z2-310号機が、ベイパーを曳きながら高温多湿の中部ソロモン上空を行く。本圖真砂夫大尉に指揮されたこの中隊は、昭和18年の7月前半、ラバウルに分派されたが、ニューギニアで壊滅的な打撃を受けた。撮影者が乗っている手前の機には、翼の前縁に黄色の敵味方識別帯が付けられているのがはっきりと見える。この帯は17年の秋から導入された。(via S Nohara)

　その前に751空はあと1回、作戦飛行が残されていた。5月14日、飛行隊長西岡一夫少佐は251空の33機の零戦に守られて、18機の陸攻でオロ湾を白昼攻撃した。日本軍は目標へ向かう途中で第48戦闘航空群のP-38、P-40によって迎撃され、6機を撃墜された。そのうちの3機は不時着し、西岡少佐機もその1機であった。後に日本軍の潜水艦が2機のペアを救助したが、ベテランの飛行隊長―西岡少佐はその中に含まれていなかった。751空はこの3日後、予定通りテニアンへと向かったが、尊敬を集めていた飛行隊長の姿はなかった。

　続く数カ月、激しい作戦行動と深刻な戦闘被害によって昭和18年の半ばには陸攻隊は慢性的な搭乗員の不足に直面した。4月1日に新しい陸攻搭乗員の錬成部隊、豊橋空が編成されたにもかかわらず、こんな状況になってしまったのである。751空は新たに補充を行い、テニアンで錬成を開始したが、搭乗員の任務を再編せざるを得なかった。1機あたりの搭乗員を7人から5人に減員するというもので、副操なしですます、というものであった。これは他の部隊でも同様に標準化された。

　6月のほとんどは夜間攻撃と哨戒任務に費やされ、その哨戒においても損失が目立ち始めた。というのも、米軍の爆撃機も同様な索敵を行っていたからである。燃料タンクに防弾設備のない陸攻は、太平洋上での爆撃機同士の一騎討ちでもほとんど勝ち目がなかった。

　6月末、連合軍が新たに大きな動きを見せた。中部ソロモンのレンドヴァとニューギニアのナッソー湾への同時上陸である。陸軍航空部隊がこの方面での反撃を強化したので、海軍航空部隊はレンドヴァにその矛先を向けた。

　敵の新たな上陸に直面し、航空部隊は可能な手段をすべて用いて、極力早い時点で反撃しなければならない、と判断された。陸攻部隊はふたたび魚雷

705空第4中隊の一式陸攻の側面銃座から雁行する僚機を見る。この写真は昭和18年夏、中部ソロモン諸島の上空で撮影された。(Author's Collection)

を抱いての白昼攻撃を命じられた。この攻撃があげた成果があるとすれば、それは彼らが禁欲的までの勇敢さを示したということでしかなかった。702空の飛行隊長、中村源三少佐が率いる702空の一式陸攻17機、705空の9機が出撃した。敵艦を発見するのに時間がかかり、結局それをレンドヴァとニュージョージアの間にあるブランチ水道で発見したとき、陸攻隊はF4UとF4Fの大軍に襲われた。

中村少佐機を含む702空の3機がなんとか基地に帰り着き、不時着したもう1機の搭乗員は救助された。残り13機は戻ってこなかった。705空の4機が行方不明となり、1機が不時着大破した。結局、出撃した26機のうち19機が失われ、17のクルーが戦死した。およそ10機の陸攻が敵戦闘機の攻撃と対空砲火をかいくぐり、魚雷を投下したが、唯一の戦果は以前からの強敵、ケリー・ターナー少将の座乗する旗艦の輸送船「マコーリー」に命中した1本だけであった。

残存部隊の損失を補うため、751空第1中隊の一式陸攻12機が本圖真砂夫大尉に率いられ、7月1日にラバウル進出を下命された。また、7月9日、遙か北方から752空の2個中隊21機の一式陸攻が派遣され、華々しい活躍をあげていた野中五郎大尉に指揮されてラバウルのブナカナウに進出してきた。

前・第1航空隊の752空は、昭和17年の末、前・元山空の755空と替って中部太平洋から木更津に戻っていた。昭和18年1月、752空は九六陸攻から一式陸攻に機種改変を行い、同年4月11日、米軍が日本の占領するアリューシャン列島のアッツに上陸したのに伴い、地上軍を支援するために千島列島の幌筵島（パラムシル）に分遣隊を送った。しかし亜寒帯気候の絶え間ない霧が、航空作戦を非常に困難にしていた。

5月22日、野中五郎大尉の指揮する雷装した陸攻19機が、アッツ島沖の米海軍駆逐艦フェルプスと巡洋艦チャールストンを攻撃、さらに守備隊に物資を投下して、天候による1機未帰還を除き、帰投した。搭乗員からの景気のいい戦果報告にもかかわらず、実際に命中した魚雷は1本もなかった。

翌日、野中大尉は17機の一式陸攻で敵の部隊がいると思われるポイントを爆撃しようとしたが、厚い雲にさえぎられ、さらにP-38から攻撃を受けたため、爆弾を投棄せざるを得なかった。アリューシャン方面における最後の作戦となったこの日、掩護の無かった陸攻隊は30分にわたって繰り広げられた空中戦で、2機を撃墜され、さらに1機は不時着水したが、搭乗員は救助された。帰投した搭乗員たちは、尾部の20mm銃でP-38、2機を撃墜したと報告した。これが北限の地における陸攻の戦闘の限界であり、5月29日、アッツ島の日本軍守備隊は玉砕した。

はるか南では、蒸し暑い気候のなか、中部ソロモンでニュージョージアに上

陸した米軍に対し、7月に入っても白昼攻撃が行われていた。7月7日には705空が6機でロビアナ環礁を攻撃したが、2機が撃墜され、1機分のペアが戦死した。さらに4日後、ムンダ北方のエノガイへの作戦で1機が失われた。

15日の751空分遣隊の損害は特にひどいものであった。ロビアナへの攻撃で、F4U、F4F、P-40の迎撃を受け、40分の戦闘で少なくとも6機を撃墜された。激しい戦闘で撃墜されたその内の1機は、分遣隊指揮官の本圖大尉機であった。5日後、751空分遣隊の中隊はわずかに残った3機で本隊のいるテニアン島に戻った。

7月15日の損害は、陸攻の白昼攻撃にピリオドをうった。夜間攻撃はこの地域を通して行われたが、8月14日から15日にかけての夜半、705空と752空、それぞれ1機ずつがガダルカナル上陸でP-38の夜戦によって撃墜された。翌晩、爆装した702空の9機と752空の雷装した7機がガダルカナルの近海ガツカイ島沖の艦船攻撃を行った。唯一の損害は被弾して着陸時に大破した752空の1機であった。

9月になると、752空分遣隊は日本の本隊に合流することになったが、隊員の大半は702空に転勤となり、10月の半ばまでラバウルで作戦任務に就くことになった。705空は9月5日、休養と補強のためにテニアンに後退した。一方、休養と戦力の回復を果たした751空は9月の第一週にラバウルに進出した。705空はその後、南西方面に転出し、ラバウルにふたたび戻ることはなかった。

昭和18年10月、ラバウルは米第5航空軍の爆撃機による攻撃に曝された。この写真は同月24日、ブナカナウの分散掩体壕で第345爆撃航空集団のB-25の低空攻撃を受ける、705空第3中隊の一一型。(both John C Hanna Collection via Larry Hickey)

風雨による塗装の劣化がひどい702空第2中隊の320号機。10月24日、攻撃下の掩体壕で。(Victor W Tatelman Collection via Larry Hickey)

パラシュート爆弾の攻撃を受けて垂直尾翼を破壊された、702空第2中隊の321号機。(Victor W Tatelman Collection via Larry Hickey)

上の写真を遡る昭和18年10月12日の攻撃の際に撮影された、損傷する前の321号機。この機体は操縦・丸山栄住少尉、偵察・関根精次飛曹長の乗機として使用され、1943年11月12日から13日にかけての夜半、ブーゲンビル沖の米重巡デンヴァーを雷撃、380発も被弾しながら帰投をはたしている。この逸話は関根精二氏が戦後に著した『炎の翼』に記されている。二二型に似た尾部銃座の形状は、一一型後期生産型の特徴である。しかしエンジンカウリングに掛けられたカバー上部の膨らみから見ると、後期の単排気管ではなく、未だ消煙装置を装備した旧式の集合排気管を付けているようである。
(Larry Tanberg Collection via Larry Hickey)

　ニューギニアのラエに上陸した米軍に対し、9月には一連の昼間攻撃が新たに実施された。4日、702空はラエ沖の米艦隊を攻撃するために12機を出撃させ、3機が撃墜された。指揮官機もニューブリテン島南西端のグロセスター岬に不時着を余儀なくされた。

　翌日には751空の8機がラエの東、ホポイ沖の艦船を爆撃、損害はなかった。同様の攻撃が6日にも751空の陸攻17機と零戦、艦爆の混成部隊で行われ、陸攻2機が撃墜され、2機が損害を被った。

　9月22日、連合軍はフィンシュハーフェンに上陸した。この上陸により連合軍がダンピール海峡とビチアス海峡を支配下におき、ニューギニアがニューブリテン島から切り離される恐れが生じた。ラバウルの海軍司令部は陸攻部隊に白昼雷撃を命じるしか手だてはなかった。そしてその攻撃が実質的な自殺任務であることは、誰もが知っていた。751空は8機を攻撃に送り出し、戻ってきたのは324号機、蔵増実佳上飛曹機1機だけであった。別の1機が辛うじてグロセスター岬に辿り着いたが、不時着時に大破した。陸攻は1発の命中弾を与えることもできなかった。

「ろ」号作戦
Operation Ro-Go

10月の後半、日本は連合軍の攻撃の圧力によって南部ブーゲンビルのブイ

このよく知られた写真は、10月12日、パラシュート爆弾の攻撃を受ける702空第3中隊350号機を捉えたものである。12日は米陸軍第5航空軍が昭和18年10月から11月にかけてラバウルに対して行った、一連の低空攻撃の初日で、ラバウルの日本軍は、このとき初めてパラシュート爆弾を目撃。米軍が落下傘降下をしてきたと思ったという。
(John C Hanna Collection via Larry Hickey)

350号機を左側から見たこの写真は、今回初めて公開された。350号機が702空の古い機材であるということは、この左側から見た塗装の汚れ具合からもよくわかる。胴体の日の丸が白い四角の中に描かれているのは、この時期では珍しい。
(Larry Tanberg Collection via Larry Hickey)

昭和18年10月当時の702空第3中隊装備機を近距離で、ほぼ完璧に撮影している第5航空軍の一連の写真から、358号機。
(Larry Tanberg Collection via Larry Hickey)

ン基地を放棄せざるを得なくなった。さらに10月12日からはラバウルそのものが米第5航空軍と、翌11月からは米空母機動部隊の合同部隊による白昼攻撃に曝されることになった。

山本五十六大将の後を継いだ古賀峯一連合艦隊司令長官は、山本長官が指揮した「い」号作戦をなぞる形で「ろ」号作戦を発動した。古賀長官はこの作戦によって、ラバウル方面における彼我の力関係を、一時的に空母艦載機をラバウルとカビエンに配備することで、均衡させようとしたのである。しかし空母部隊が到着する11月1日、まさにその日に米軍はブーゲンビル島のタロキナ岬に上陸した。そのことによって「ろ」号作戦は単なるタロキナ岬に対する攻撃作戦へと変質してしまい、日本軍にとって被害のみ多く、得るところが少ない作戦となってしまった。

702空と751空の陸攻部隊は11月8日から作戦を開始、ブーゲンビル島付

10月24日の攻撃の際に分散掩体壕で撮影された、702空第4中隊の陸攻。垂直尾翼の方向舵にのみ記入された幅細と幅広の中隊識別記号帯に注目。
(Thomas D Riggs Collection via Larry Hickey)

10月24日の攻撃の際、ラバウル西飛行場で撮影された蔵増実佳上飛曹の乗機、751空の324号機。蔵増上飛曹は以前にも同じ機番の機体に搭乗し、昭和18年9月22日、フィンシュハーフェン沖の敵艦船に対する決死的な白昼雷撃攻撃に参加。このとき蔵増機のみが基地に帰投した。
(Thomas D Riggs Collection via Larry Hickey)

昭和18年10月にラバウルで撮影された751空の別の機体。373号機はまだ部隊記号の「51」を尾翼に記入している。屋外でB-25の低空攻撃にさらされている燃料補給車にも注目。(Victor W Tatelman Collection via Larry Hickey)

77

近の米艦艇に対する夜間雷撃を行った。8日夜、1機の陸攻が米海軍の軽巡洋艦バーミンガムに魚雷を放ったが、ふたつの航空隊で合わせて7機の機材を失った。

　搭乗員の不馴れ、夜間の爆発による混乱、取り違えが重なって、日本軍は事実を見誤り、ほんの小さな結果に対して、過大な戦果が報告された。この傾向は戦争が終わるまで続いた。702空の5機は11月11日、12日の夜半にも何ら戦果を得られなかったが、その翌晩、702空の321号機、丸山栄住少尉の乗機が米軽巡デンヴァーに魚雷を投下した。その過程でこの陸攻は激しい対空砲火を浴び、主翼と胴体に380発以上もの被弾を受けた。この損傷にもかかわらず丸山少尉機は基地に辿り着いたが、機材は修理の限界を超えており、廃棄処分とされた。

　11月16日から17日にかけての夜半、702空の小林銀太郎飛曹長は米海軍の駆逐艦マッキーンを魚雷で沈めた。攻撃中、右舷エンジンから発火したものの、飛曹長は機体を巧妙に横滑りさせることで消火に成功し、片発で基地に帰投した。しかしこのような単機での偉業をもってしても、連合軍の反撃の勢いを弱めることはできなかった。

　12月1日、702空は解隊され、生き残った搭乗員は日本に戻るか、751空に編入になった。751空はラバウルに残された唯一の陸攻部隊となった。

　751空はまた、新しい動力銃座を装備した一式陸攻二二型を最初に装備する部隊に選ばれ、蔵増上飛曹を含めた751空の搭乗員何名かは12月初めに本土に帰還、最初の3機を受領した。しかし、7月から生産に入っていたにも

昭和18年11月2日、「東飛行場」と呼ばれたラバウルのラクナイ飛行場で、第5航空軍の攻撃に曝される一式陸攻一一型。隣の翼端を折りたたんだ零戦二二型（A6M3）が、204空のものであることはほぼ間違いない。輸送任務に使用されたこの陸攻が一式輸送機（G6M1-L）でないことは、輸送型では機体への出入口が楕円であるのに対し、この機体では日の丸のところにある出入口が真円になっていることからわかる。尾翼の機番「731-01」は、同機が11航空艦隊付の輸送部隊所属機であることを示している。零戦の手前に鋼板が敷き詰められていることに注目。(John C Hanna Collection via Larry Hickey)

今回、初めて発表される、1001空の尾翼記号を捉えた珍しい写真。1001空は日本海軍で最初に編成された輸送専門部隊であった。この胴体後半だけ残して破壊された機体は一式輸送機で、昭和19年2月、ニューアイルランドのカビエンで撮影された。「ヨA」という記号が意味するのは、同隊が横須賀鎮守府の管轄下で横須賀航空隊に次いで編成された部隊である、ということである。機番「987」の9が輸送機を示す。尾翼上部の2本線が中隊を表している。
(Fred Robinson Jr Collection via Larry Hickey)

かかわらず、この最新型が未だ多くの問題を抱えていることに彼らはすぐ気づいた。昭和18年も終わりに近づいていたのに、依然空技廠では二二型の試験が続けられていた。751空は機種転換を断念し、蔵増上飛曹はいまや時代遅れが明らかになった一一型でラバウルに戻らざるを得なかった。

連合軍は次第にラバウルを取り巻く包囲網を狭めつつあり、751空は圧倒的な兵力を有する連合軍の反攻に直面することとなった。最終的に昭和19(1944)年2月17日、18日の両日に米空母任務部隊が行ったカロリン諸島トラック島に対する激しい攻撃によって、日本軍はラバウルから全航空部隊の撤退を決定せざるを得なくなった。20日までに751空は残された5機をトラックに後退させた。

中部太平洋
Central Pacific

昭和17年12月、752空が日本に戻ったことにより、中部太平洋に残された唯一の陸攻部隊とは前・元山空の755空となった。最後まで九六陸攻を運用していた755空が一式陸攻に機種変換したのは、この広大で、島々が点在する比較的平和な戦域が、昭和18年9月1日、連合軍によって粉々にされた頃であった。新型のグラマンF6Fを搭載する新世代の航空母艦を中心にした、米海軍任務部隊が、南鳥島(マーカス島)を襲ったのである。

9月19日、米高速空母がギルバート諸島の目標を攻撃した。続いて10月7日(6日)、ウェーク諸島が襲われた(日付変更線の東側にある真珠湾の司令部によって指揮される米軍では、中部太平洋の作戦期日は1日前に記録される)。

ウェーク諸島にあった陸攻23機を含むほとんどの日本機は破壊されるか、ひどい損害を被った。米軍はやってきたときと同様に即刻あわただしく去って行った。しかし、これは単なる嵐の前のようなものだった。長い、恐ろしい米軍の中部太平洋での反攻がまさに始まろうとしていた。

ギルバート諸島
The Gilberts

10月中に一式陸攻への機種変換を終えた755空は、その残された兵力をクエゼリン環礁のロイに集結させた。11月21日、米軍はギルバート諸島のマキンとタラワに上陸、それに対し、雷装した755空と752空の陸攻が、月末まで米艦隊に対し夜間攻撃を行った。752空は戦力補強のため、この戦域に配備されていた。米軍が上陸した日の夕方、陸攻部隊は米軽空母インディペンデンスに魚雷1本を命中させたが、これが唯一の戦果であった。マキン、タラワでの組織的な抵抗は、25日までに止んだ。

米任務部隊は続いて12月5日、マーシャル諸島のロイとウォッジェを攻撃し

おそらく752空の所属機と思われる一一型後期型に、地上員が人力で魚雷を搭載している。昭和18年12月の撮影。よく知られた写真であるが、よく見るとカウルフラップの形状から、1本ずつ独立した単排気管を付けた後期型であることがわかる。九一式航空魚雷は太平洋戦争の全般にわたって日本海軍で使用され、改良が加えられた主要な航空魚雷である。基本型となる九一式航空魚雷と同改一は、自重784kg、炸薬量149.5kgであった。また浅深度での走行性能を改良した改二は、炸薬量が204kgに増大し、自重も838kgとなった。九一式航空魚雷の最終型は改七で、改二のほぼ倍となる炸薬量420kgを搭載し、自重も1060kgとなった。改一から改六までの改良型は、九六や一式の各陸攻の改造型に搭載されたが、改七はもっぱら一式陸攻のみに使用された。
(via Edward M Young)

755空所属の一一型後期型が昭和18年11月、マーシャル諸島上空を行く。戦時中に発表された写真で、尾翼の部隊記号は検閲のために消されているが、方向舵の後縁に塗られた白帯から、小隊長機であることがわかる。この小隊長標示は、元山空の九六陸攻時代から踏襲されたものである。胴体後部の2本の白帯は胴体を一周せずに、上面塗色の部分にのみ塗られているが、これも九六陸攻時代の第2連合航空隊、後の22航戦時代の名残である。
(Author's Collection)

た。その晩、752空は野中五郎少佐の指揮下、9機がマエロラップから米任務部隊の攻撃に向かった。前月30日にジャワから移動してきて、その日の午後にロイに到着したばかりの753空の前進部隊8機の一式陸攻も、同時に攻撃に加わった。攻撃部隊は753空が2機を失ったものの、新たに戦列へと加わったばかりの米空母レキシントンにかなりの損害を与えた。攻撃隊の搭乗員、なかでも野中少佐の指揮する752空はこうした夜間雷撃に長じており、陸攻部隊が大きな力になりえないのはその数が足りないからである、と考えていた。

　12月7日、753空の先遣隊が到着、そして752空が戦域に留まったことで、

昭和19年1月から2月にかけて、米艦載機の攻撃によりマーシャル諸島のクエゼリン環礁、ロイ島で破壊された752空第3中隊の一式陸攻一一型後期型。752空は18年11月から19年2月にかけて、ギルバートとマーシャルの米艦船群に対し、果敢な夜間雷撃を試みた。(USAAF via James F Lansdale)

損耗の激しかった755空はテニアンに後退し、戦力の回復に努めた。

マーシャル諸島
The Marshalls

昭和19（1944）年1月24日、753空本隊がセレベス島のケンダリーで補強を終え、テニアンに到着した。しかしこの直後、日本軍の航空兵力が集中していたマーシャル諸島のロイは30日（米日付では29日）、米海軍任務部隊による攻撃を受けた。753空の進出部隊は、この米軍の攻撃には間に合ったものの、8機の陸攻が地上で破壊され、752空の6機も第6戦闘飛行隊のF6Fによって撃墜された。その半分はアレックス・ヴラシウ中尉によるものであった（ヴラシウ中尉については本シリーズ第19巻「第二次大戦のヘルキャットエース」を参照）。

米軍は2月2日、ロイに上陸し、続いて起きた地上戦で、24航戦の司令部部員たちとともに、752空と753空の構成人員も玉砕した。その中には前年、24航戦の参謀となって着任した、マレー、ガダルカナルの歴戦搭乗員である鍋田美吉少佐も含まれていた。2月18日、米軍はエニウェトクに上陸したが、米任務部隊艦載機によるトラックの空襲での大規模な損失もあり、この時点で日本軍にほとんど抵抗する術はなかった。3日後、752空は再建のために豊橋に帰還した。

トラック島とマリアナ諸島
Truk and the Marianas

中部太平洋における連合艦隊の泊地であるカロリン諸島のトラック島は、米軍にとって重要な攻撃目標であった。そして2月17、18日の両日にかけ、米軍は同島に対しそれまでで最も大規模な攻撃を実行した。

その攻撃のちょうど1週間前、連合艦隊の主力はトラック島を脱出し、西方へと移動していた。それでも40隻以上の艦船が、トラック島の環礁内で米海軍の攻撃機によって沈められ、300機以上の航空機が破壊された。17日から18日の夜半、この大殺戮の合間を縫って陸攻隊が反撃を試み、755空のテニアンからの1機が米海軍の空母イントレピットに魚雷を命中させた。同艦は数カ月にわたり戦線を離脱せざるを得なかった。

トラック島に対する攻撃の影響は甚大であった。ラバウルで途方もない敵に対して何とか抵抗を続けていた部隊は、トラックでの恐るべき損失を補うために撤退を余儀なくされ、ついに南東地域における日本軍の行動は終わりを

昭和18年、本土で錬成中の761空の一一型。同年半ばに編成された第1航空艦隊に直属する各部隊は、別称として動物の名前を部隊名に冠した。尾翼の「龍」は「龍部隊」と称した761空の所属機を表す。（via S Nohara）

遂げた。そして同様にトラック失陥によって、第1航空艦隊の主力は、訓練が概成する前に、マリアナに向かわざるを得なくなったのである。

　戦備についた部隊は基本的に第1航空艦隊の後方部隊から引き抜かれて、新しく編成された陸攻部隊で、これらの部隊は本来、敵との決定的な戦いの場面で動かしやすい予備として運用されるはずのものであった。第1航艦の下で最初に編成されたのは761空で、「龍」部隊の愛称で呼ばれていた。昭和18年7月1日に編成され、鹿屋で錬成を行った761空は、ラバウルの751空が機種改変しようとして失敗した、新型の一式陸攻二二型を優先的に配備された。

　トラック空襲の直後、1航艦の前進部隊は中部太平洋に配備され、761空は2月22日、24機の二二型陸攻を以てテニアンに展開した。その日、索敵中の陸攻は一度ならず、遊弋中の敵機動部隊を発見、その晩から翌朝にかけて761空は全24機を逐次出撃させたが、目ぼしい戦果はなかった。米機動部隊の艦載機は23日の朝、ソロモン諸島のサイパン島とテニアン島を集中的に襲った。そしてこの攻撃で、1航艦の前進部隊は実質上全滅した。

■ 特設飛行隊制度
Tokusetsu Hikotai

　日本軍は連合軍による海と空からの強固な反撃によって、太平洋全域で撤退しつつあり、前線の島々は孤立化。日本海軍はいまや整備員の不足に直面し始めていた。搭乗員は基地から基地へと機材で移動することができるが、地上員は孤島の基地に取り残されてしまうのであった。

　このような状況下で、昭和19年3月4日、海軍は航空作戦の機動性を増大するために、航空隊組織の全面的な再編を行なった。航空隊の構成要素のうち、飛行隊は「特設飛行隊」として独立した部隊として分離され、数字による独自の符号が付けられた。一方、航空隊は基本的に機体整備、燃料補給などの、飛行隊に対する地上支援を行うようになった。これにより理論的には飛行隊は状況の求めに応じ、自由にある基地から別の基地へと配備につくことができ、またその時点で最も適した航空隊の指揮下に入ることができるようになるはずであった。

　この特設飛行隊制度は、一挙に全海軍航空隊に導入されたわけではなく、必要に応じて段階的に導入されていった。新しい制度の下、昭和19年3月4日に755空と751空の飛行隊が分離され、その半隊が攻撃701飛行隊（K701／攻701）として755空の指揮下に入り、残りは攻撃704飛行隊（K704／攻704）として751空所属となった。

　705空はこの時点で陸攻の運用をやめ、その人員は攻撃706飛行隊

この歴戦の一一型は昭和19年春、マレー半島のアエルタワルで撮影された。後方に陸軍の一式戦闘機「隼」が見える。この写真が撮られたとき、732空は同地で錬成中であった。後に二二型を運用して西ニューギニアの作戦に従事した。(via Bunrindo KK)

まさしく「龍の墓場」とでもいうべき光景。これら3葉の写真はペリリューに上陸した米海兵隊のカメラマンによって撮影された。すべて761空の二二型で、昭和19年3月から4月にかけて破壊されたもの。写真の76号機は、前年の7月半ばに同方面に進出した横須賀航空隊の分遣隊から、761空に引き継がれたもののようで、尾翼の識別記号761の下に原所属が描かれている。また41号機など、漢字の「龍」という部隊識別記号を残している機体もある。(USMC)

（K706／攻706）となり755空の指揮下に入った。この結果、755空は攻701と攻706の2個飛行隊から編成され、一方、751空には攻704のみが所属するかたちとなった。これらの飛行隊は36機に予備12機が定数とされたが、実際にはこの数字をはるかに下回っていた。

パラオおよび西部ニューギニア
Palau and Western New Guinea

昭和19年の3月の間、米軍による先の攻撃によって傷ついた第1航空艦隊と他の部隊は、必死に再建を行っていた。3月9日にはトラック島から発進した攻706の陸攻がエニウェトクに対し長距離攻撃を実施して成果をあげ、被害なしで帰投したが、こうしたことは例外的であった。

火の玉となって墜落する「ワン・ショット・ライター」。昭和19年5月26日、中部太平洋上空での一式陸攻二二型、761空72号機の最期である。この機は、米軍の戦闘機によってではなく、米海軍第13偵察飛行隊（PV-13）のコンソリデーテッドPB2Yコロネードによって撃墜されたものである。この光景が証明する一式陸攻の発火性の高さは、ひとり一式陸攻のみならず、19年当時、日本軍の航空機に共通するものであった。(National Archives)

昭和19年6月16日、西部ニューギニアのソロンで連合軍の攻撃を受ける761空の二二型。この時点で、761空の機体は部隊の識別記号である「龍」を消し、二桁の機体番号のみを残していた。
(Larry Tanberg Collection via Larry Hickey)

この一式陸上輸送機は、数秒の後、手前に見える爆弾によって吹き飛ばされる運命にある。昭和19年5月27日、西部ニューギニアのバボでの光景。尾翼の052-03という機番は特定されていないが、第25特別根拠地隊の所属機と考えられる。この部隊は西部ニューギニアの基地部隊を指揮する任務を負っていた。(Larry Tanberg Collection via Larry Hickey)

　この月、陸攻隊はパラオ諸島のペリリューに後退し、761空と751空は同基地に展開、一方755空はマリアナ諸島とトラック島に機材を分散させていた。これに加え、横須賀航空隊はそれまでの審査部としての役割とは別に戦闘部隊を編成し、3月28日、テニアンに一式陸攻18機を進出させた。同部隊は4月14日まで同地に留まり、日本に戻ったが、機材は761空などマリアナの部隊に引き継いだ。
　米任務部隊は今度は3月30日から31日にかけ、パラオ諸島を攻撃してきた。29日の晩から761空、751空、755空そして横空の陸攻がペリリュー、テニアン、グアムの各基地から米任務部隊に対する攻撃を試みたが、何ら成果をあげることができなかった。そればかりか、艦船と航空機の喪失は先のトラック空襲に継ぐ規模になってしまった。
　昭和19年4月1日にはさらに3個飛行隊が編成された。752空の飛行隊は攻703に、753空は攻705に、そして練空であった豊橋空は2月20日付で戦闘部

ソロンに不時着した753空攻撃705飛行隊所属の一一型、05-333号機。昭和19年6月16日に撮影。753空は732空とともに、19年5月から6月初めにかけ、ワクデに対し散発的であるが、効果的な夜間攻撃を行った。
(Stewart Malqvist Collection via Larry Hickey)

米海軍戦闘機の攻撃から逃れようと海面に向かって避退行動中の、755空攻撃701飛行隊所属の二二型初期型。中部太平洋で昭和19年5月か6月頃に撮影されたもの。新型の二二型は、19年の初めか頃からようやく部隊配備が始まった。しかし、すでにこの時点で連合軍のほうが、機材においても、搭乗員の錬度においても圧倒的に勝っていた。陸攻が従来の攻撃任務で活躍する場面は、ほとんどなかった。
(National Archives via James F Lansdale)

隊として701空(2代)に改編されていたが、飛行隊は攻702となった。最初にこれら飛行隊はすべて母体となった航空隊に割り振られていたが、後には他に必要とされる場所に逐次配備されるようになった。

4月22日、米軍がホランディアへ上陸したため、作戦の焦点はニューギニア諸島に移っていた。同じ日、732空はミンダナオ島から西部ニューギニアの端にあるソロンに配備された。24時間後、761空と755空からの陸攻隊が一時的にソロンの戦力に加わった。しかし米軍のソロンに対する攻撃は熾烈で、そこから作戦を行うことは非常に困難だった。761空と755空の派遣隊は5月1日に本隊のいるマリアナに撤退せざるを得なかった。

5月27日に行なわれた米軍のビアク上陸は、日本軍の大規模な反撃を引き起こした。日本軍は「渾」作戦を発動し、上陸した米軍を撃退しようとしたのである。27日の晩、732空と753空の20機の一式陸攻は、ミンダナオ島のディゴス(ダバオ第3飛行場)からハルマヘラのワシレに前進した。そして28日の晩、両航空隊から抽出された13機はビアク沖の敵艦船に対し、雷撃攻撃を行なった。戦果は定かではなく、5機が失われた。31日にはふたたび7機の陸攻が、ビアク沖の艦船を雷撃したが、作戦の途中で1機を失った。

ソロンを出撃する夜間攻撃は、6月上旬まで続けられたが、損耗によって攻撃に参加できる機体は次第に減少した。攻撃の規模も縮小し、しばしば2、3機によって行われる、といった状況であった。それでもこうした攻撃でホランディアとビアクの中間にあるワクデの米軍飛行場に対しては、かなりの損害を与えることができた。ワクデには米第5航空軍の機材が、分散措置もとられず、密集して配置されていたのである。

6月5日の晩、753空の一式陸攻2機は砂山功少尉指揮の下、ワクデ飛行場で敵機6機を破壊、80機以上に損害を与えることに成功した。さらに、8日の晩に行なわれた同隊の第2波もそれ以上の損害を与えることに成功した。

6月11日から12日にかけて、マリアナ諸島が米空母任務部隊の猛攻を受け

この大破した攻撃702飛行隊所属の一式陸攻二四型（G4M2A）は、昭和19年後半、フィリピンのおそらくクラーク・フィールドで撮影されたものと思われる。この機体は、胴体の側面に20mm銃を備えていることから、二四型甲と思われるが、甲型で常備していたとされる電探は搭載していない。この頃にはそれまで陸攻部隊で使用されていた、300番台の機体番号は使われなくなっていた。攻撃702飛行隊は19年10月後半にフィリピンへ投入され、20年1月の初めに台湾に後退するまで、最も長くフィリピンでの航空作戦に従事した。尾翼の02は飛行隊の番号を示しており、攻702は当初752空に所属、11月半ばに763空に所属変更となった。(David Pluth)

たことにより、戦いの焦点はふたたび中部太平洋に移った。翌日、サイパン島は米海軍戦艦による艦砲射撃を受けた。米軍が中部太平洋における日本の防衛線の心臓部ともいうべき、マリアナ諸島に大規模な上陸攻撃を敢行しようとしているのは明らかだった。ビアクと西部ニューギニアは放棄され、連合艦隊司令部は待望して久しい米太平洋艦隊との決戦に向け、「あ号決戦作戦発動」を下令した。

「あ」号作戦
Operation A-Go

この米軍との決定的な戦いに臨んで、小澤治三郎中将の指揮する空母部隊と1航艦の陸攻部隊は入念な準備を行ってきた。しかしこの時点で、敵の優勢は疑い難い事実であった。

昭和19年6月19日から20日にかけて行なわれた空母部隊同士による主力

昭和19年11月、クラーク・フィールドに放棄された762空所属の二四型。機体はおそらく攻撃703飛行隊の所属機と思われる。同飛行隊は、当初752空の指揮下にあったが、19年10月10日付で762空の指揮下に移った。762空は配下に攻708と攻703をもち、同年10月中旬に行われた台湾沖航空戦に参加した後、11月中旬にフィリピンへ進出した。しかしフィリピンで作戦に参加した期間は、きわめて短かった。(Donald P Baker Collection via Larry Hickey)

昭和20年、フィリピンのクラーク・フィールドで、無傷のまま米軍の手にわたった攻702所属の二四型乙、763-12号機。尾翼の番号763は、攻702がこの時点で763空の指揮下にあったことによる。夜間行動用に、機体全面が濃緑色に塗装されていることに注目。
(National Archives via robert C Mikesh)

決戦は、日本の惨敗に終った。陸攻部隊は主力決戦に参加する前に米艦載機によって地上でことごとく破壊され、何ら艦隊決戦に寄与することはできなかった。

一式陸攻はその全盛期をとうの昔に過ぎていたのだ、という疑念が海軍部内でも急速に広まっていた。陸上爆撃機 P1Y1「銀河」(連合軍のコードネームはFrances)のような新型機が実戦に配備されるようになり、一式陸攻は完全に夜間作戦や哨戒任務へと追いやられた。761空、751空、755空そして753空の一式陸攻が少数機ずつ、テニアン、グアム、ペリリューといった基地から作戦に参加した。これらの部隊には後に横空派遣隊と752空から編成された八幡部隊(部隊名は神道における戦の神にちなむ)が硫黄島から加わった。陸攻攻撃隊の士気は高かったが、米軍の防衛線は強固で、陸攻の攻撃力では如何ともしがたかった。

マリアナ沖海戦による壊滅的な損失によって、日本海軍は昭和19年7月10日、航空部隊の解隊を伴う再編成を行なわざるを得なくなった。特に陸攻部隊では732空、751空、753空と攻701、705、706、707の各飛行隊が解隊された。残された一式陸攻の部隊は、攻702が701空に、攻703が752空に、攻704が761空に配備された。また、新編の攻708が7月10日付で、この年の2月15日に鹿屋で編成された762空の飛行隊となった。

マリアナにおける敗北を受けて、海軍軍人の少なからぬ人々が、内心では戦争の行く手に暗いものを感じ始めていた。そして強大な力をもつ米軍に対し、もはや旧来の攻撃方法では被害のみ大きく、ほとんど成果を得られない、ということも明らかになりつつあった。

台湾およびフィリピン
Taiwan and the Philippines

マリアナにおける敗北を受けて、攻704はミンダナオの基地で昭和19年9月から10月初旬に作戦任務についた。同じく9月に752空の指揮下に入った攻702もルソン島のクラーク・フィールドに進出し、10月の後半にはフィリピンの攻704に合流した。しかし、10月20日に米軍がレイテ島に上陸したことによる大きな戦力の消耗により、攻704は日本本土に帰還した。

一方、762空指揮下の攻708と攻703は日本で「T攻撃部隊」と呼称された戦術的な部隊の兵力として、編成に加わりつつあった。同部隊は戦闘機隊、

左頁の763-12号機のクローズアップ、3葉。三式空六号(H-6)電探のアンテナ、胴体側面と尾部の20mm銃座の詳細がわかる。甲型以前の短銃身の九九式1号銃を装備した型では、後部胴体側面の銃座は両側とも同じ位置にあったが、銃身が長い2号銃を装備するようになってからは、たがいの銃が干渉することを防ぐため、胴体左側の銃座が右側のそれよりもかなり前にずらされるかたちとなった。また胴体の日の丸は従来銃座のすぐ後ろに描かれていたが、これも銃座の位置の変更により、左右でたがいちがいとなった。しかし一部の機体では、右側も胴体左側の昇降口に描かれた日の丸と同じ位置に記入したものがあったようである。右下の写真、胴体尾部銃座左側の前にチョークで書かれた、「罠に注意！(BOOBY TRAPPED！)」という注意書きに注目されたい。(via Bunrindo KK and National Archives via Dane Bell)

攻撃機隊、偵察機隊から成り、呼称の「T」は「台風」の頭文字を表して、米空母任務部隊を荒天をついて攻撃しうる部隊、を任じていた。一式陸攻の2個飛行隊を含む攻撃隊は戦闘機隊とともに、10月12日から14日にかけて、台湾沖の米艦隊に対する一連の夜間攻撃にほぼ全戦力を費やした。

その戦力補充の間、マリアナのB-29基地が11月2日に最初の作戦行動を行い、攻703は同基地への攻撃を実施している。

2週間後、攻703と攻708がクラーク・フィールドにいる攻702に合流した。攻702は752空から10月10日に新しく編成された763空の指揮下に移っていた。3個特設飛行隊はレイテ島に対し、何回も作戦行動を行ったが、11月末までに攻703と攻708は本土に帰還した。残された攻702は航空作戦の終了までフィリピンに留まって戦い続けたが、1945年1月に台湾へ撤退した。フィリピンから日本本土に帰還する途上、攻704は攻703と攻708のマリアナ諸島に対する作戦を引き継ぎ、11月28日と12月7日に攻撃を実施した。

続く昭和20(1945)年2月19日、米軍の硫黄島上陸に対し、攻704は木更津から夜間攻撃を行った。3月12日、攻704は最後に編成された陸攻部隊となる706空の指揮下に入った。硫黄島に対する最後の攻撃は3月25日から26日にかけての夜半に行われたが、それ以降、すべての兵力は沖縄に振り向けられた。

chapter 8

神雷特別攻撃隊
jinrai—divine thunder

　昭和19（1944）年8月、日本をとりまく絶望的な状況の下で、ついに日本海軍は必死の空中体当たり兵器の開発を決意した。頭部に1200kgの炸薬を搭載したロケット推進の滑空爆弾は、いかなる艦船でも撃沈可能と思われたが、命中に必須の誘導装置を開発することは、その時点の日本の技術力では不可能であった。ここに至って、日本海軍は技術の欠如を、武士道の精神で補うことを決意した。すなわち陸攻の母機から切り離されたこの兵器は、体当たりするまで人間によって操縦されるのである。

　機体設計は空前のスピードで完了。9月には量産機も完成し、「桜花」と名付けられたこの特攻機の搭乗員が募集された。かくてフィリピンでの神風特別攻撃隊誕生以前に、片道攻撃の意図的な訓練を受けた搭乗員たちが存在したのである。

　昭和19年10月1日、最初の桜花運用部隊として721空が編成された。721空の司令は古参の戦闘機搭乗員で、熱心な体当たり攻撃の唱道者である岡

米海軍F6Fのガンカメラが捉えた、桜花を搭載する一式陸攻二四型丁（G4M2E）の最期の瞬間。721空攻撃711飛行隊の第2中隊機と思われ、昭和20年3月21日の神雷部隊初陣の際に撃墜された18機のうちの1機である。（US Navy via Robert C Mikesh）

村基春大佐であった。752空で中部太平洋において数えきれない夜間攻撃を成功させた指揮官、野中五郎少佐が飛行隊長として着任し、12月20日には足立次郎少佐率いる攻撃708飛行隊が762空から2番目の陸攻飛行隊として721空に配属となった。その特殊な性格に照らし、桜花の攻撃作戦には「神雷」という劇的な名称が与えられた。

　空技廠の和田操中将は、陸攻と桜花の連携は、制空権を一時的にでも掌握した状況下でなければ成功の可能性はほとんどない、と断じていた。桜花一一型の全備重量は2140kgあり、これだけの荷重となる桜花を搭載するため特別に改造された一式陸攻二四型丁は、非常に鈍速であった。桜花を搭載した陸攻がどうにか辿り着ける最高高度はせいぜい5000mで、しかも驚くほど燃料を消費した。鈍速の陸攻は、桜花が目標を捉えるのに可能な距離まで達する前に撃墜される可能性がつねにあった。目標までの航続距離はわずか20海里（37km）であった。

　昭和20（1945）年2月に九州の基地に進出して以降、721空は攻撃の機会を窺っていた。桜花には多大な期待がかけられていたが、その運用は不運に見舞われた。3月18日、宇佐に展開していた攻708は最初の出撃を準備していた。しかし桜花を積んだ一式陸攻がまさに出撃する直前、基地は米空母艦載機の空襲を受けた。ほとんどの陸攻が破壊され、出撃は中止となった。

　3月21日、野中少佐率いる攻711は、18機の機材で最初の神雷部隊を出撃させた。うち15機の陸攻が桜花を搭載してこの兵器の初陣を飾ろうとした。日本海軍はこの時点で、これに先立つ3日間の反復攻撃で九州沖の米第58任務部隊に多大の損害を与えた、という誤った判断を下していた。

　30機の零戦が陸攻を直掩したが、それだけで米軍機の迎撃を防ぐことはで

桜花を搭載した721空攻711飛行隊第2中隊の二四型丁。失敗に終わった神雷部隊の初陣前に撮影。鹿屋基地にて。この機体は機首の透明風防先端に13mm機銃を装備しており、電探のアンテナはその上端部分に移動されている。(via Bunrindo KK)

桜花の練習機型グライダーK-1を胴体下に搭載した722空の二四型丁「722-13」。昭和20年、神ノ池基地で撮影。練習機型桜花の胴体前部下面に装備された、着陸用のソリがはっきり見える。722空は20年2月15日に編成され、陸攻より高性能の陸上爆撃機「銀河」を母機とし、ジェット推進の桜花二二型を運用する部隊として計画された。しかし、桜花二二型が実戦に投入されることはなかった。
(via S Nohara)

きなかった。20分ほどの空中戦で陸攻18機全機が撃墜され、1機の桜花も発進させることができなかった。これらの損失によって攻711は5月5日に解隊され、攻708が作戦飛行隊に替った。攻708はその後、主に小規模な夜間「神雷」攻撃を終戦まで試みた。

沖縄
okinawa

　昭和20年4月1日、米軍はまさしく日本本土への表玄関ともいうべき沖縄に上陸した。その晩、攻708は桜花を搭載した6機の陸攻で、飛行隊最初となる神雷特攻隊の出撃を行った。1機が基地に帰投、2機は行方不明となり、もう1機は大破、さらに1機が不時着水した。残り1機は台湾に着陸したが、本土へ帰還の途中に失われた。

　米軍の沖縄上陸は、「菊水作戦」と呼ばれた航空機による特攻攻撃の嵐が吹き荒れる引き金となった。しかし、721空の神雷部隊を別にすれば、陸攻の作戦は九州や台湾からの小規模な夜間攻撃に限られていた。

　706空の指揮下にあった攻704は九州から沖縄へ飛び、本来は飛行艇部隊である801空も前・攻703であった偵察703飛行隊(昭和20年3月15日に改編)を指揮。偵察707と偵察709も801空の指揮下で、主に夜間索敵や機雷敷設の任務についた。台湾からは765空率いる攻702が小規模な作戦を行い、攻撃(特)701飛行隊も一時的に同様の任務に就いた。ふたたび765空の指揮下に入った攻撃(特)701飛行隊は、マレーやインド東方面で錬成を行っていた13空の一式陸攻と搭乗員が台湾に急派されたものであった。

　攻708にとって第2回目となる神雷攻撃は4月12日、陸攻8機が出撃し、6機が桜花機の投下に成功した。そのうち1機が米駆逐艦マナート・L・エイブルを撃沈し、これが米軍にとって桜花によると確認された唯一の撃沈戦果となった。5機の陸攻が撃墜され、残り1機も着陸時に大破した。14日の白昼攻撃でも7機の母機全機を失い、その8日後の白昼攻撃でも6機のうち4機が撃墜された。この後、攻708は夜間攻撃に転じ、5月まで小規模な作戦を行った。

終戦後、大村基地の格納庫前に残骸となって残る、951空分遣隊の二二型。一式陸攻は951空など一部の部隊で、対潜哨戒の任務を行った。三角形に配置された珍しい部隊記号に注目されたい。また手前の21-901は輸送部隊の1021空に所属していた機体である。(Author's Collection)

　6月21日夜半、最後の出撃となる第10次神雷出撃が6機の陸攻で行われたが、母機は1機も戻らなかった。22日の朝、沖縄32軍の牛島元大将による組織的な反撃行動は終了した。しかし、従来の陸攻による沖縄に対する攻撃、索敵はペースを減じながらも、終戦まで続けられた。実際の一式陸攻による最後の作戦は、801空の2機によって8月12日夜に行われた、沖縄沖での艦船攻撃であった。

「剣」作戦
Operation Ken

　昭和20年6月までに、日本の主要な都市は、マリアナを基地とするB-29の大軍により灰燼に帰していた。軍令部は予想される米軍の本土上陸作戦に対する準備を完成させるためにも、空襲を一時的にでも阻止しなければならないと考えた。日本陸軍の奇襲部隊は昭和20年5月24日、沖縄で空襲の一時的な阻止を目的に攻撃を行っていた。「義烈空挺隊」と呼ばれた攻撃部隊は、改造を施された10機の九七重爆に乗って、夜半に出撃、沖縄の米軍飛行場へ強行着陸を行なった。その戦果は海軍に同様の攻撃を、さらに規模を拡大して行おうと企図させるのに充分なものであった。海軍はB-29を、マリアナ諸島の基地で襲おうと考えたのである。

　6月24日、「剣」と「烈」という、たがいに関係するふたつの作戦が公式に下令された。「烈」作戦はB-29の基地を30機程度の銀河で低高度から攻撃する、というもので、攻撃機のうち半分は17挺の20mm機銃を搭載するように改造されていた。2挺は機首に前下方に向けて搭載、15挺は爆弾倉に下方を射撃するように斜めに装備されていた。

　「剣」作戦は「烈」に続いて行われることになっていた。20機の一式陸攻が輸

送機の役目を果たし、敵飛行場に胴体着陸を強行。そして海軍陸戦部隊がその機体から飛び出す。陸戦隊員は全滅するまで、B-29を地上で可能なかぎり破壊するのが任務だった。陸攻の多くは、背面銃座が除去され、脱出口を爆破して開口するように改造されていた。両作戦における航空機の運用は706空に委ねられ、銀河は攻405が、陸攻は攻704が任じられた。「剣」作戦の訓練は三沢、その他本州北部の基地で行われた。

準備は念入りに行われた。陸戦隊員は実物大のB-29の木製模型を使って訓練を行い、捕虜となったB-29の搭乗員は基地に関する役に立ちそうな情報をどのようなことでも尋問された。作戦に参加する者たちは、米陸軍航空隊の地上員と誤認されるように特製のレプリカの制服を供給された。

作戦は7月後半に実施されることになっていたが、7月14、15日に行われた三沢を含む本州の基地に対する米艦船機の空襲によって主要機材の多くが失われたため、翌月に延期されることになった。その間に、再編のための努力が払われ、一式陸攻がかき集められた。また陸軍部隊が作戦に加わることとなり、その規模は拡大された。

新しい計画では飛行可能なB-29を陸攻搭乗員が奪って日本に持ち帰ることも考えられ、名古屋近郊に墜落したB-29から完全なフライトマニュアルを手に入れた。日本軍は、離陸さえできれば、この複雑な重爆を操縦可能であると信じていたのである。

これらの一式陸攻は終戦直後に追浜基地で撮影された。横須賀航空隊所属のヨ-308号機の後ろに見える、垂直尾翼に「3-破」とある機体は、706空攻704飛行隊に所属していた機体で、未発に終わった「剣」作戦に参加する予定だったものである。この作戦は、特別に改修された一式陸攻に陸戦隊員を満載し、サイパン、テニアン、グアムのB-29基地に急襲をかけ、地上でB-29を破壊しようとするものであった。この機体では「剣」作戦用に背部の動力銃座が取り外され、整形されている。また胴体の日の丸も消されていることに注目。[いちばん手前の機体は月光11型後期型、尾翼記号「ヨ-102」]
(via Robert C Mikesh)

最終的に、海軍の第101呉特別陸戦隊300名と、陸軍の第1奇襲部隊300名をマリアナに輸送するために60機の一式陸攻が用意された。海軍陸戦隊は20機の陸攻でサイパンを攻撃することになっていた。陸海軍両方から各10機ずつがテニアンを襲うことになっており、攻撃部隊の生き残りは丘陵に逃げ込んで再編成、基地に対するゲリラ攻撃を開始する、とされていた。
　天候と月齢を考慮し、作戦は8月19日から23日の間に行われる予定となった。しかしその頃米国は、日本上陸に伴う100万に近いと推定される相互の死傷者を考慮し、もはや通常の方法では戦争を終了させることはできない、と判断していた。
　昭和20年8月6日、史上初の原爆が広島に投下され、72時間後、2発目が長崎に落された。同日、「剣」作戦の情報を入手した連合軍情報部の通知に基づき、大規模な米艦載機による攻撃が、本州北部の飛行場に対して行われた。29機の一式陸攻と20機の銀河が破壊された。8月15日、日本は無条件降伏し、数日後に迫っていた「剣」作戦が発動されることはついになかった。

最後の飛行
Final Flights

　8月19日、陸攻の古参搭乗員である横須賀航空隊の須藤傳大尉は、2機の陸攻を率いて木更津を離陸した。須藤大尉の操縦する一番機は一式陸上輸送機(G6M1-L)で、もう1機はお馴染みの一一型(G4M1)であった。ダグラス・マッカーサー将軍の指示により、機体全体を白く塗られ、日の丸の描かれていた場所と垂直尾翼には、くっきりと緑十字が記入されていた。緑は濃緑色で、ほとんど黒十字に見えたという。
　2機の緑十字機は、河辺虎四郎中将以下、16名の軍使を乗せ、沖縄沖の小島、伊江島に向かった。そこから河辺中将以下の軍使は米陸軍航空隊の

終戦後、昭和20年10月20日、米軍部隊が三沢基地の格納庫内で見つけた零戦52型(A6M5)と一式陸攻、2機。これらの陸攻は、「剣」作戦の輸送任務用に改修されていたもので、左側の機体は、背部の回転銃座のあった部分に、小さなレドームを付けられている。(National Archives via Robert C Mikesh)

次頁2葉●昭和20年8月19日、陸軍の河辺虎四郎中将以下の降伏使節団を乗せた2機の陸攻は、沖縄の伊江島に向かった。1番機の須藤大尉が操縦する一式陸上輸送機(G6M1-L)は、電気系統の不調でフラップがうまく開かず、1000mの滑走路をぎりぎりいっぱいに使って、なんとか着陸に成功した。これらの写真で、一式陸上輸送機(G6M1-L)と、通常の一一型との相違点がよくわかる。通常、見落とされがちだが、一式陸上輸送機の背部銃座は、本来「翼端掩護機」として20mm銃を搭載するよう設計されているため、一一型のものよりもかなり大きい。また胴体側面のブリスター銃座も、一一型に較べ、窓枠、位置ともに異なっている。
(Both National Archives via Robert C Mikesh)

第八章 ● 神雷特別攻撃隊

96

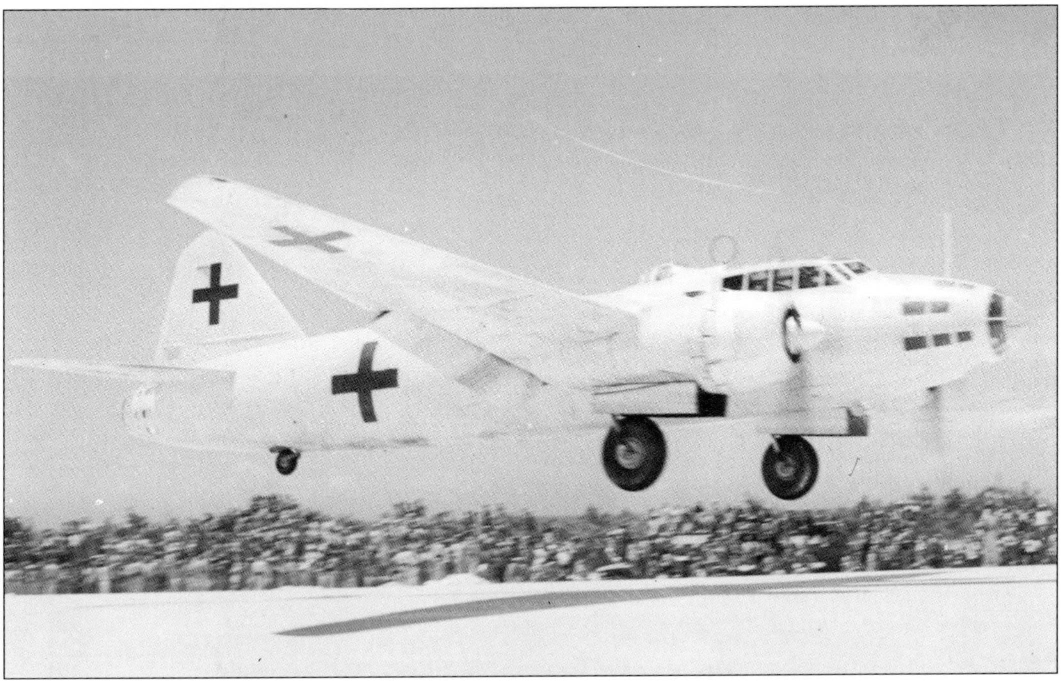

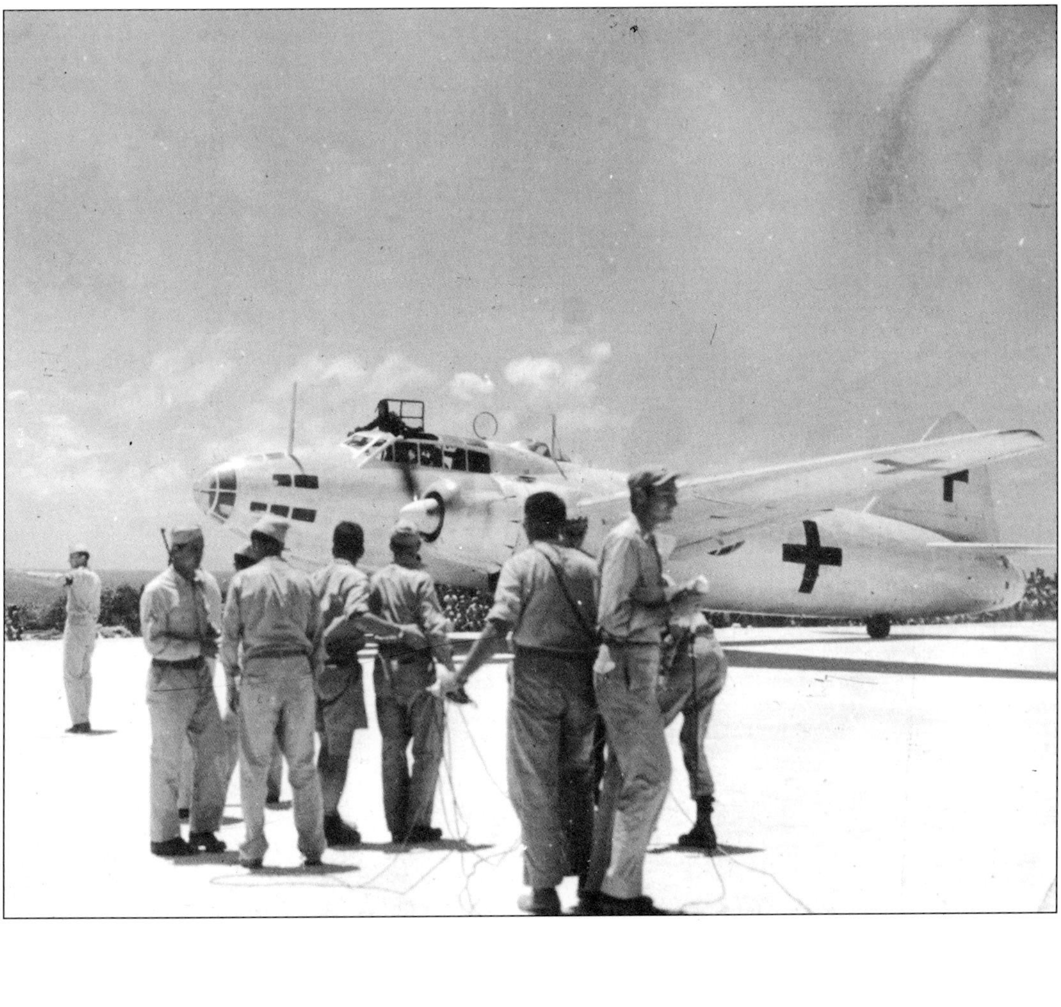

C-54に乗り換え、連合軍司令部から降伏についての詳細な指示を受けるためにマニラへ向かった。

須藤大尉以下の搭乗員は伊江島で一晩過ごし、翌日マニラからの軍使の帰還を受け、中将と10名を乗せ、輸送機を離陸させた。予期せぬ燃料不足により、須藤大尉は静岡県の天龍川河口に不時着を余儀なくされたが、負傷した者はいなかった。もう1機の陸攻は小規模な修理が必要となり、伊江島にもう一泊したが、21日に残りの軍使を乗せ、木更津まで直接飛行した。こうして一式陸攻の公式飛行は終了した。

しかしこの公式飛行が一式陸攻にとって最後の飛行ではなかった。連合軍からの降伏に関する詳細な指示を受領し、日本海軍司令部は早急に桜花を擁する721空、神雷部隊を解隊することにした。特別攻撃隊という部隊の性格上、部隊員の多くが血気にはやって厚木で起きたような[徹底抗戦を主張する]反乱を721空でも起こすことを心配したのである。

8月23日、飛行可能な一式陸攻が721空の最終基地となった石川県の小松基地に集められた。いま一度、小松基地には滑走路を離陸する陸攻の火星エンジンの音がこだました。陸攻は生き残った者たちを復員させるために、日本中の飛行場に向けて散っていった。

飛行長であった足立次郎少佐は8月末の暑さの中、指揮所に立ち、陸攻が1機、1機離陸していくのを見つめていた。

「最後の1機が次第に離れてゆき、見えなくなっていった。私はそれをずっと、ずっと見つめていた」

前頁2葉●降伏のための軍使を乗せた2機のうち、もう1機は通常の一一型であった。機首の両側にある小窓が1列多いこと、胴体最後部の小窓が増設されている点が中期以降の一一型生産型が、一式陸上輸送機および一一型初期型と異なっている点である。両機とも通常日の丸の描かれている位置に緑十字が記入されている。また、一一型の十字のほうが一式陸上輸送機と較べ、いくらか幅が太く、長さも短く見える。十字の色はかなり暗い緑で、一見すると黒のように見えたという。
(Both National Archives via Robert C Mikesh)

付録
appendices

■一式陸攻を装備した日本海軍部隊　昭和16(1941)～20(1945)年

横須賀航空隊
大正5(1916)年4月1日に開隊。日本海軍最初の航空隊。すべての海軍機を運用し、実験飛行隊としての機能ももっていた。昭和19(1944)年には一部隊が派遣隊として実戦に参加。同年7月頃、陸攻の運用を取り止めた。

木更津航空隊
昭和11(1936)年4月1日に開隊。日中戦争に参加。15(1940)年1月15日から、大型機の練習航空隊となった。一式陸攻は昭和16(1941)年の7月から受領。17(1942)年4月1日の改編により、ふたたび実戦部隊となり、ニューギニア、ソロモン方面の航空作戦に参加した。同年11月1日、707空に改編。引き続きラバウルを基地としてガダルカナル方面の作戦に従事したが、壊滅的打撃を受け、その年の12月1日に解隊。

鹿屋航空隊(初代)
昭和11年4月1日に開隊。16年9月に一式陸攻に機種改変する。開戦時、南東アジア方面の作戦に従事するとともに、マレー沖海戦でプリンス・オブ・ウェールズとレパルスを撃沈。17年9月からニューギニア、ソロモン方面の作戦に参加。同年10月1日、751空に改編され、南東方面、後に中部太平洋で作戦を行なった。19年3月4日には攻撃704飛行隊が配下に入った。19年7月10日に解隊。

高雄航空隊(初代)
昭和13(1938)年4月1日に開隊。16年5月、一式陸攻を最初に受領した部隊となった。開戦時、南東アジアの進攻作戦に従事、第1段作戦の終了時まで、セレベス島ケンダリーに留まった。17年には北西オーストラリア攻略に参加。同年9月、派遣隊をラバウルに進出させた。17年10月1日、753空に改編。その後も

東インドで錬成に努める傍ら、作戦に従事した。18(1943)年中はオーストラリアに対する攻撃を行ったが、同年末から19年1月にかけて中部太平洋に移動、部隊主力は19年4月1日、攻撃705飛行隊となり、同年10月7日に解隊。

千歳航空隊

昭和14(1939)年10月1日に開隊。16年11月に部隊として最初となる一式陸攻を受領するが、九六陸攻の装備のまま、中部太平洋に展開しつつ開戦を迎える。17年前半には次第に作戦方面を転換し、同年9月には分遣隊をラバウルに派遣、翌月には本隊もこれに続いた。17年11月1日、703空に改編され、引き続きラバウルで作戦に従事したが、大きな損害を出して同年12月には本土に帰還した。18年3月15日に解隊。

三沢航空隊

昭和17年2月10日に開隊。17年8月、ラバウルに進出、同年11月1日、705空に再編された。引き続き南東アジア方面の作戦に従事していたが、18年11月、南西方面に転進した。18年12月5日にはカルカッタを爆撃、19年2月にはペリリューに移動。飛行部隊は19年3月4日に攻撃706飛行隊となり、705空そのものは陸攻部隊ではなくなった。

新竹航空隊

昭和17年4月1日、陸攻の練習航空隊として開隊。これは同日付で木更津空が実戦部隊となったため、その練習航空隊の機能を引き継ぐ意味があった。しかし18年後半からは、中国本土からの連合軍の空爆に曝されるようになり、練習基地として不適当とされて、鹿屋空(2代)にその機能が引き継がれた。昭和19年1月1日付で解隊。

鹿屋航空隊(2代)

昭和17年10月1日、艦爆と艦攻の練習航空隊として開隊。19年1月1日に陸攻の練習航空隊としての機能も付加された。19年7月10日、その機能は豊橋空に引き継がれ、鹿屋空(2代)は同日付で解隊された。

高雄航空隊(2代)

昭和19年1月1日から6月15日まで、陸攻の偵察員の錬成教育を行なった。

豊橋航空隊(初代)

陸攻搭乗員の錬成航空隊として昭和18年4月1日に開隊。19年2月20日に701空(2代)となり、同年3月から千歳に進出、北辺の守りについた。飛行部隊は19年4月1日に攻撃702飛行隊となったが、19年9月18日の再編で、陸攻部隊ではなくなった。

豊橋航空隊(2代)

昭和19年7月10日に鹿屋航空隊(2代)の人員、機材を引き継いで、陸攻の錬成部隊として開隊。20(1945)年5月には錬成任務をやめ、沖縄航空戦参加のため、部隊の一部を九州の出水に進出させた。

宮崎航空隊

昭和18年12月1日に陸攻の練習航空隊として開隊。19年8月1日、飛行部隊が松島航空隊に引き継がれ、解隊した。

松島航空隊

昭和19年8月1日、宮崎空の人員を引き継ぐかたちで開隊。陸攻搭乗員の錬成教育を終戦まで行った。20年の沖縄航空戦には、豊橋空とともに、一部部隊を九州に進出、攻撃に参加させた。

第2高雄航空隊

(高雄空2代と異なるので注意)

昭和19年8月15日、陸攻搭乗員の攻撃員(機銃手)を養成するために開隊。20年2月15日に解隊。

三亜航空隊

昭和18年10月1日に陸攻搭乗員の錬成航空隊として開隊。19年初めにその任務を黄流空に引き継いだ。

黄流航空隊

昭和19年初めに三亜空から陸攻の搭乗員養成任務を引き継ぐ。同年5月1日に解隊。

第4航空隊

昭和17年2月10日に開隊。同年9月、日本に引き揚げるまで南東アジア方面の作戦に従事した。17年11月1日、702空に改編され、翌年5月、ラバウルに再進出。18年12月1日に解隊。

第13航空隊

昭和19年5月1日、黄流空から陸攻の搭乗員錬成の任務を引き継ぐ。一部南西方面の作戦行動にも従事。20年1月15日、381空に吸収された。

第752航空隊

第1航空隊が昭和17年11月1日付で改編されたもの。18年春には一式陸攻に機種改変し、5月から北千島方面に展開、アリューシャン航空戦に参加。18年7月から9月にかけて、分遣隊をラバウルに進出させた。同年11月には中部太平洋に移動。19年2月に本土で再建に入った。飛行部隊は19年4月1日付で攻撃703飛行隊となった。これ以降、さまざまな特設飛行隊を指揮下におき、終戦まで多くの作戦に参加した。

第755航空隊

元山航空隊が昭和17年11月1日付で改編されたもの。18年9月～10月にかけ、最後に一式陸攻に機種改変した部隊でもある。中部太平洋に展開、18年11月から19年2月にかけギルバート沖航空戦、マーシャル島沖航空戦を戦った。飛行部隊は19年3月4日、攻撃701飛行隊と攻撃706飛行隊に再編された。19年7月10日、「あ」号作戦の後に解隊。

第761航空隊

昭和18年7月1日に開隊。別称「龍」部隊として知られ、最初に一式陸攻二二型を装備した部隊でもある。中部太平洋および西部ニューギニアで戦闘に参加、最後はフィリピンで機材を喪失して地上戦を戦った。

第732航空隊

昭和18年10月1日に開隊。18年12月からマレー半島のアエルタワルで陸攻の搭乗員の錬成を行っていたが、19年4月から西部ニューギニアで作戦行動に参加。飛行部隊は19年5月5日に攻撃707飛行隊となった。19年7月10日に解隊。

第762航空隊

昭和19年2月15日に開隊。飛行部隊は19年7月10日、攻撃708飛行隊として再編された。19年10月の台湾沖航空戦、11月からの比島航空戦に参加。その後、九州に展開して終戦まで残存。

第763航空隊

昭和19年10月10日、陸上爆撃機「銀河」の部隊として開隊。19年11月には一式陸攻を装備した攻撃702飛行隊を傘下に収める。フィリピンで機材を喪失、地上戦を戦いつつ終戦を迎える。

第765航空隊

昭和20年2月5日、台湾の台南で開隊、数多くの機種を運用し、終戦まで同地に留まった。攻撃702飛行隊がフィリピンから後退してきてからは、同隊を傘下に収め、指揮、運用した。

第721航空隊

昭和19年10月1日、特殊攻撃機「桜花」を運用する最初の部隊として開隊、自ら「神雷部隊」と称した。桜花を搭載する母機部隊として、19年11月15日付で攻撃711飛行隊が編成され、12月20日には攻撃708飛行隊が追加された。桜花を搭載しての作戦は20年6月21日が最後となった。

第722航空隊

昭和20年2月15日、ジェット推進による桜花二二型を運用する部隊として開隊。しかし実戦に参加する前に、終戦を迎えた。

第706航空隊

昭和20年3月5日に開隊し、最後に編成された陸攻部隊となった。攻撃704飛行隊を傘下にもち、マリアナ諸島のB-29基地に対する「剣」作戦に参加する予定であったが、実施される前に終戦となった。

第801航空隊

本来は飛行艇部隊であったが、昭和20年1月1日から攻撃703飛行隊が傘下に加わった。3月15日には偵察707飛行隊も加わり、20年4月から終戦まで、もっぱら対潜哨戒を行った。

第1001航空隊

昭和18年7月1日、日本海軍初の輸送専門部隊として開隊。貨物の輸送や、人員の移動業務を終戦まで行った。

第1021航空隊

昭和19年1月1日、輸送部隊として開隊。20年7月15日、1081空に吸収された。

第1081航空隊

輸送部隊として昭和19年4月1日に開隊。

第1023航空隊

昭和19年10月1日、輸送部隊として開隊。20年3月5日に解隊した。

第901航空隊

海上護衛部隊として昭和18年12月15日に開隊。

第903航空隊

海上護衛部隊として昭和19年12月15日に開隊。

第951航空隊

海上護衛部隊として昭和19年12月15日に開隊。

■特設飛行隊

攻撃701飛行隊（攻701）

昭和19年3月4日、755空と751空の飛行部隊を基に編成された。755空の指揮下、中部太平洋に展開したが、19年7月10日に解隊。

攻撃特別701飛行隊

13空の機材と人員を基に暫定的に編成された部隊で、765空の指揮下、台湾に展開した。昭和20年4月から沖縄作戦に参加した。

攻撃702飛行隊（攻702）

昭和19年4月1日、701空（2代）の飛行部隊を基に編成された。19年9月、752空の傘下に入り、同年10月にはフィリピンに進出、11月には763空の指揮下に入る。20年1月、台湾に後退した。2月には765空の傘下となった。

攻撃703飛行隊（攻703）

昭和19年4月1日、752空の飛行部隊を基に編成された。あ号作戦に八幡部隊の一翼として参加した。19年10月10日には762空の指揮下に入り、台湾沖航空戦と比島航空戦を戦う。本土に帰還した後、同年12月に801空の傘下となり、20年3月には偵察703飛行隊（偵703）に改編された後、沖縄作戦に参加した。

攻撃704飛行隊（攻704）

昭和19年3月4日、755空と751空の飛行部隊を基に編成され、751空の指揮下に入った。ペリリューで戦った後、19年7月10日、761空の指揮下に編成替えとなった。西部ニューギニアおよびフィリピンで作戦に従事した後に、19年11月15日、本土で752空の傘下に入った。20年3月12日、ふたたび706空の指揮下に編成替えとなり、「剣」作戦を準備しつつ、終戦を迎えた。

攻撃705飛行隊（攻705）

昭和19年4月1日、753空の飛行部隊から編成された。西部ニューギニアに展開、同年7月10日に解隊された。

攻撃706飛行隊（攻706）

昭和19年3月4日、705飛行隊を基に編成された。755空の指揮下で、中部太平洋に展開したが、同年7月10日に解隊。

攻撃707飛行隊（攻707）

昭和19年5月5日、732空の飛行部隊から編成された。ニューギニアおよび中部太平洋で戦闘に参加した後、同年7月10日付で解隊。

攻撃708飛行隊（攻708）

昭和19年7月10日、762空の飛行部隊から編成された。台湾沖航空戦、比島航空戦に参加、本土に帰還した後、同年12月20日、721空の指揮下に入った。神雷部隊の母機部隊として、20年3月から6月まで桜花を搭載して作戦を行った。

攻撃711飛行隊（攻711）

昭和19年11月15日、721空の飛行部隊を基に編成。20年3月21日の失敗に終わった神雷部隊の初陣で壊滅的な打撃を受け、以降は5月5日に解隊されるまで、攻708の訓練部隊として機能した。

偵察707飛行隊（偵707）

801空の偵察第3飛行隊が、昭和20年3月15日に解隊、再編されたもの。801空の傘下で、陸攻の夜間偵察任務についた。

偵察709飛行隊（偵709）

昭和20年3月5日、夜間偵察の部隊として編成され、752空の指揮下に入った。4月には801空の傘下に編成替えとなり、大きな損害を出した後、ふたたび752空の指揮に入り、20年5月5日に解隊。

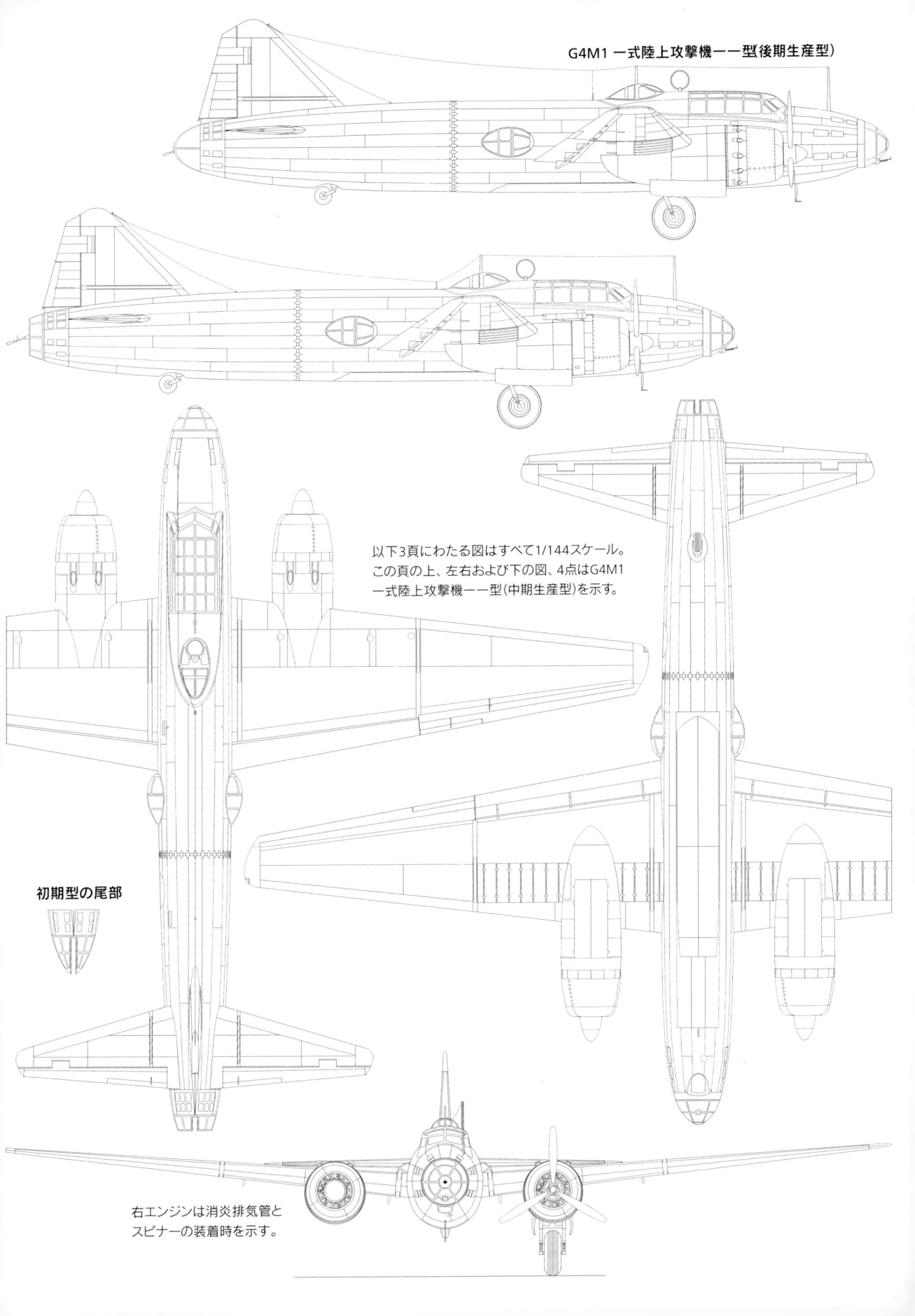

G4M1 一式陸上攻撃機一一型(後期生産型)

以下3頁にわたる図はすべて1/144スケール。
この頁の上、左右および下の図、4点はG4M1
一式陸上攻撃機一一型(中期生産型)を示す。

初期型の尾部

右エンジンは消炎排気管と
スピナーの装着時を示す。

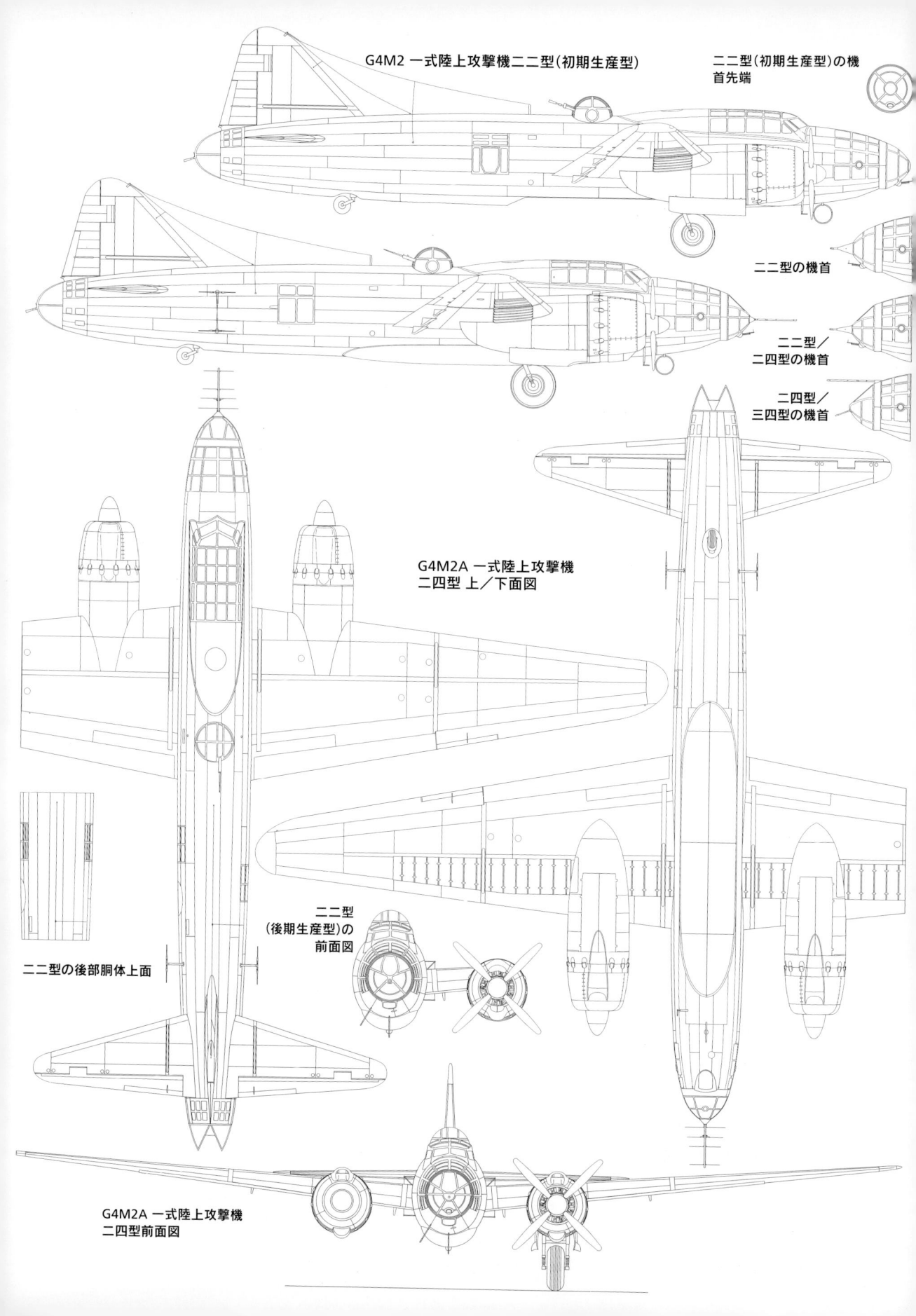

G4M2 一式陸上攻撃機二二型(初期生産型)　　二二型(初期生産型)の機首先端

二二型の機首

二二型／二四型の機首

二四型／三四型の機首

G4M2A 一式陸上攻撃機二四型 上／下面図

二二型の後部胴体上面

二二型(後期生産型)の前面図

G4M2A 一式陸上攻撃機二四型前面図

G6M1「翼端掩護機」

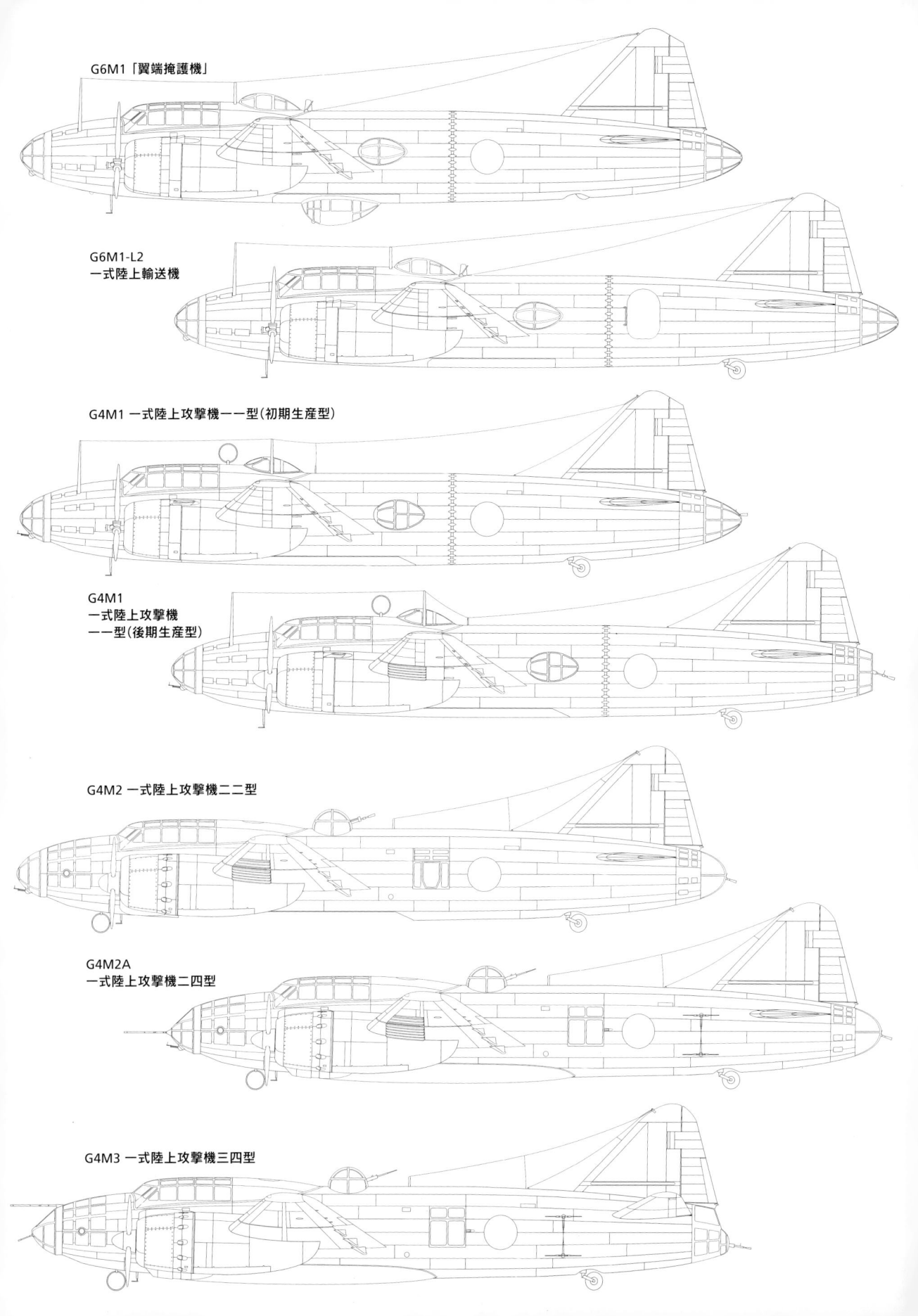

G6M1-L2
一式陸上輸送機

G4M1 一式陸上攻撃機一一型(初期生産型)

G4M1
一式陸上攻撃機
一一型(後期生産型)

G4M2 一式陸上攻撃機二二型

G4M2A
一式陸上攻撃機二四型

G4M3 一式陸上攻撃機三四型

カラー塗装図　解説
colour plates

1
G6M1　「コ-G6-6」　昭和15年12月
横須賀／台湾・高雄　高雄航空隊
G6M1の6番目の生産機（三菱製造番号706号機）。生産されたG6M1のうち、3機が横須賀の航空技術廠で転換訓練用に使用された。結局、これらの機体は「翼端掩護」という本来の目的で使用されることはなく、いずれも一式陸攻に機種改変する際の慣熟飛行に使われた。G4M1もG6M1もともに昭和16（1941）年の4月まで、制式採用されることはなかったが、G6M1は一式大型陸上練習機と呼称された。図は航空技術廠の手によって、高雄まで空輸された際の塗装で、尾翼のマークは航空技術廠の所属を示す。カタカナの「コ」は航空技術廠を示し、次の「G6」は機体コードであるG6M1を、続く「6」はこの機体がG6M1として6番目に海軍に受領された機体であることを示している。全面無塗装銀で、垂直、水平尾翼のみ赤の保安塗粧を施す、という塗装は、16年春まで戦地を除く日本海軍の標準塗装であった。

2
一式陸攻一一型(G4M1)　「K-384」　昭和16年1月
フィリピン　ダバオ　鹿屋航空隊
太平洋戦争が始まったとき、陸攻は日中戦争に参加した海軍機の多くと同様、上面は濃緑色と茶色の2色迷彩を施していた。この2色迷彩に、明確なパターンがあったわけではないが、機首から後方に向かって色が流れる右流れのパターンと、それを反転したような左流れのパターンがあったことが確認されている。また下面は無塗装の銀地であった。尾翼の部隊記号、ローマ字の「K」は鹿屋空を示しており、この記号は昭和15（1940）年の11月から17（1942）年の11月まで使用された。また300番台の数字は、この機体が攻撃機であることを示しており、この3の後に続く数字が固有の機体番号を表していた。太平洋戦争が始まった時点で、鹿屋空には6個中隊の陸攻部隊があり、各中隊には次のように機体番号が割り振られていたと推定される。すなわち、第1中隊は301から315号が、第2中隊には316から330号が、第3中隊には331から345号が、第4中隊には346から360号が、第5中隊には361から375号が、第6中隊には376から390号が、といった具合である。垂直尾翼の線は、単発機の場合は小隊長、中隊長といった指揮順位を示すことが多いが、陸攻の場合はむしろ中隊の所属を示す場合が多かった。ただし、横線の本数がそのまま中隊の番号を意味しているわけではない。鹿屋空ではこの時期、垂直尾翼に何も横線がない機体が第1中隊、部隊識別記号と尾翼上端のほぼ真ん中に、横線が1本入るのが第2中隊、その位置に横線2本が第3中隊、第4中隊は横線1本だが、第2中隊と区別するため、かなり垂直尾翼の上端寄りに描かれていた。第5中隊も2本線であったが、第3中隊と区別するため、2本の横線の間が第3中隊よりも幅広となっていた。第6中隊は横線3本が描かれていたが、うち2本は第3中隊と同じ位置で、残り1本は2本と離して、尾翼の上端の方に描かれていた。この「K-384」は第6中隊所属機と思われ、17年2月、新しく占領した南部フィリピン、ミンダナオ島のダバオ飛行場に進出した直後の塗装と思われる。胴体後部に巻かれた白の1本線は、鹿屋空が後に21航空隊となった第1連合航空隊の所属機であることを示すもの。日中戦争時に陸海軍双方が胴体の同じ場所に描き、また、陸軍は太平洋戦争中も標識していた「戦地標識」とは異なる。

3
一式陸上攻撃機一一型　「T-361」　昭和17年3月
ティモール　クーパン　高雄航空隊
部隊記号「T」は高雄航空隊で昭和15年11月から17年11月まで使用された。太平洋戦争が始まった時点で前線の陸攻は中国での2色迷彩を施していたが、16年の後半には、新しい機体は機体上面を濃緑色に塗った「南方作戦」迷彩に変わった。これらの機体は作部隊には17年の早い時点で配備され、高雄空第5中隊に所属するT-361は最も早い時期の例として、写真によってその存在が確認されている。太平洋戦争が始まった時点で、高雄空は鹿屋空と同様、6個中隊で編成された大航空隊であった。各中隊に割り振られた機体番号は、鹿屋空と同様と思われる。

4
一式陸上攻撃機一一型　「T-315」　昭和17年3月／4月
フィリピン　クラーク・フィールド　高雄航空隊
この機体は機体上面に2色迷彩を施しているが、迷彩の方向が通常の機首に向かって左に流れているものとは逆に、右に流れている点が珍しい。垂直尾翼の前縁が明るく見えるのは、未塗装のパネルと交換したため。機体番号の数字が若いこと、尾翼の横線が無いことから、当時、コレヒドールの米軍とフィリピン軍の残存部隊を攻撃した第1中隊機と思われる。機体は塗装の剥離が目立ち、この3カ月間の激しい戦いぶりを偲ばせる。

5
一式陸上攻撃機一一型　「F-348」　昭和17年2月20日
ニューブリテン島　ラバウル　第4航空隊
この機体は昭和17年2月20日、伊藤琢也少佐に指揮され米機動部隊のレキシントンを攻撃した際のものである。その劇的な最期は34～35頁に掲載された、空母に対し決死の攻撃を行う一連の写真によって永遠に記録されることとなった。この陸攻は、直前にエドワード・H・「ブッチ」・オヘア大尉のF4F-3によって左翼のエンジンナセルを吹き飛ばされるという、致命傷を負わされていた。元高雄空の機材を引き継いだ「F-348」号機は、いまだ茶と緑の2色迷彩をまとっている。しばしば指揮官機と間違えられる垂直尾翼の2本の横線は、陸攻の場合、航空隊における中隊の区別を表している。「F」は第4航空隊を表し、17年2月から同年11月まで使用された。

6
一式陸上攻撃機一一型　「F-378」　昭和17年5月7日
ニューブリテン島　ラバウル　第4航空隊
杉井操一飛曹が操縦したこの機体は、珊瑚海海戦で支援部隊クレース提督の巡洋艦を雷撃し、攻撃直後デボイネ環礁に不時着水した。機体番号は第4中隊の所属機と思われるが、垂直尾翼の横線1本は第2中隊を示している。4空はこの間の戦闘で激しく損耗しており、航空隊内での機体番号も混乱し、一貫性がなくなっている。

7
一式陸上攻撃機一一型　「H-324」　昭和17年7月10日
マリアナ諸島　サイパン　三沢航空隊
部隊識別記号の「H」は三沢航空隊を表し、昭和17年2月から11月まで使用された。この機体は鹿屋空から引き継がれたもので、まだ茶と緑の2色迷彩が施されている。三沢空は独特な中隊記号を使用しており、垂直尾翼上端を白く塗ったのが第1中隊、幅広の横線が第2中隊、幅広の縦帯が第3中隊を示した。中隊ごとの機体番号は第1中隊が301～319、第2中隊が320～339、第3中隊が350～369であった。

8
一式陸上攻撃機一一型　「H-305」　昭和17年8月7日
マリアナ諸島　サイパン　三沢航空隊
三沢空では、2色迷彩を施した古い機体と機体上面を濃緑色に塗った機体が混在した。この「H-305」は、同航空隊に新しく配備された機体で、機体番号が若いことと、尾翼上端が白く塗られていることから第1中隊の所属機と思われる。塗装はガダルカナル作戦が始まるまでの三沢空を表している。

9
一式陸上攻撃機一一型　「353」　昭和17年9月28日
ニューブリテン島　ラバウル　三沢航空隊
ガダルカナル作戦が2カ月目に入ったこの時期から、部隊識別記号の「H」は保安上の理由により塗りつぶされた。また、この時期から胴体の日の丸に細い白縁が付けられた。図版7の説明で述べたように、垂直尾翼の白い縦帯は、第3中隊の所属を表す。この機体は新しい一一型で、尾部銃座直前にある小窓が一列追加されている。この窓は初期の機体では上半分しかなかった。

10
一式陸上攻撃機一一型　「R-360」　昭和17年9月
ニューブリテン島　ラバウル　木更津航空隊
部隊識別記号の「R」は木更津航空隊で使用され、2本の横線は第3中隊の所属を表すと思われる。胴体後部の白い帯は、この部隊が第1連合航空隊の配下にあったことを示している。木更津航空隊は昭和17年8月にラバウルへ進出したが、ガダルカナル作戦で壊滅的な打撃を受け、18年12月1日に解隊、第707航空隊に再編された。

11
一式陸上攻撃機一一型　「W2-373」　昭和18年4月
木更津　第752航空隊
第1航空隊は、昭和17年11月1日、第752航空隊に再編成され、新しい部隊識別記号が同時に採用された。アルファベットの「W」は第24航空戦隊を表し、次の「2」は同航空戦隊の2番目の航空隊であることを示す。幅広と細い斜線各1本ずつの組み合わせは、第4中隊の所属機であることを示している。第1中隊は斜線が1本、第2中隊は2本の細い斜線、細い斜線3本で第3中隊を表していた。プロペラにスピナーが付いていることに注目。スピナーは17年の夏以降、一一型に付けられるようになった。また、この機体では燃料タンクの防弾のため、主翼下面にゴム板が貼られており、新しいタイプであることがわかる。この防弾装備は18年3月以降の量産機に装備された。

12
一式陸上攻撃機一一型　「323」（通算656号機）
昭和18年4月18日　ニューブリテン島　ラバウル　第705航空隊
三沢航空隊は昭和17年11月1日、第705航空隊に改編された。この機体は、連合艦隊司令長官山本五十六がソロモン諸島のブーゲンビルで撃墜されたときの乗機として有名である。小谷立飛曹長操縦のこの機体に、中隊識別記号は無かった。胴体の四角い白地に描かれた日の丸は、この時期の一式陸攻の特色である。18年3月に生産されたこの機体は、主翼下面にゴムの防弾板が付いていない最後の生産型である。

13
一式陸上攻撃機一一型　「336」（通算749号機）　昭和18年6月
ニューブリテン島　ラバウル　第705航空隊
705空の中隊識別の横線は、このときまでに、以前の三沢空時代に使われていたものよりだいぶ細くなっていた。横線1本は、それまでと同様に第2中隊を示すものと思われるが、部隊はこの時点では4個中隊編成になっていた。この機体は18年6月30日、中部ソロモンでの連合軍艦船に対する決死的な魚雷攻撃の後、ニューギニアに不時着した機体である。

14
一式陸上攻撃機一一型　「Z2-310」　昭和18年7月
ニューブリテン島　ラバウル　第751航空隊
鹿屋航空隊は昭和17年10月1日、第751航空隊に再編され、同年秋には新しい部隊識別記号が導入された。「Z」は第21航空戦隊を表す。この機体は第1中隊に所属し、18年7月、戦力増強のため、ラバウルに急派された。残りの部隊はマリアナ諸島のテニアンで再編を行った。

15
一式陸上攻撃機一一型　「351」　昭和18年10月12日
ニューブリテン島　ラバウル　第702航空隊
昭和17年10月1日、第4航空隊は702航空隊に改編され、新しい部隊記号「U2」を与えられた。しかし、18年5月にラバウルに転進した時点では、部隊記号は保安の為に消されていた。これは南東方面で一般化していた処置だった。方向舵のみに描かれた横線1本は、第3中隊を示す。第1中隊は方向舵を含む垂直尾翼全体にかかる横線1本が描かれ、機体番号は301～319が割り当てられていた。第2中隊は垂直尾翼全体にかかる2本線が描かれ、320～339の機体番号が割り当てられた。方向舵だけの横線の第3中隊は、340～359の機体番号を使用した。第4中隊は、1本の幅広の横線と、1本の細い横線の組み合わせを方向舵のみに描いており、機体番号は360～379を割り当てられた。この機体は一一型の後期生産型で、エンジンの排気管が単排気管となっており、尾部銃座も後の二二型と同じような形状に再設計されている。

16
一式陸上攻撃機一一型　「367」　昭和18年10月24日
ニューブリテン島　ラバウル　第702航空隊
702空のこれも一一型後期生産型である。第4中隊の所属機で、方向舵のみに幅広と細い横線が各1本ずつ描かれている。この方向舵のみに描かれた中隊の識別記号は、他の部隊には見られない独特のものであった。

17
一式陸上攻撃機一一型　「321」　昭和18年11月
ニューブリテン島　ラバウル　第702航空隊
丸山栄住少尉と関根精次飛曹長のペアで使用された第2中隊所属機。昭和18年11月12日から13日にかけての夜半、丸山少尉はブーゲンビル諸島トロキナ岬沖の米艦船群に対して魚雷攻撃をかけ、軽巡洋艦デンヴァーに魚雷を命中させた。丸山機は、対空砲火によって激しい損害を受け、被弾は380発以上にのぼった。321号機は、基地に帰投したものの、修理不能となった。

18
一式陸上攻撃機一一型　「324」　昭和18年10月
ニューブリテン島　ラバウル　第751航空隊
蔵増実佳上飛曹の乗機であるこの一式陸攻は、昭和18年10月20日に代替機として受領された。蔵増上飛曹の前の乗機と同じ324という機番を付けた一一型は、同月の12日、米第5航空軍の空襲によってブナカナウ飛行場で破壊された。そのの一式陸攻は、18年9月22日、ニューギニアのフィンシュハーフェン沖の連合軍輸送船団に対する白昼雷撃から、基地へ帰投した唯一の機体であった。

19
一式陸上攻撃機一一型　「52-008」　昭和18年9月
北海道　千歳基地　第752航空隊
昭和18年8月、記号または数字による部隊識別記号は取り止めとなり、改編された部隊の下二桁だけを尾翼に示す方法に切り替えられた。同様にこの時点で752空では、従来の100番台がその役割を示す三桁の機体標示（300番台は攻撃機を示す）方法をやめた。代わりに752空では、一桁か二桁の連番の表記方法を採用し、頭には0を付けることによって、三桁を維持した。尾翼の斜線1本と機体番号008は、この機体が第1中隊所属機であることを示している。

20
一式陸上攻撃機一一型　「52-059」　昭和18年11月／12月
マーシャル諸島　エニウェトク　第752航空隊
752空で採用された新しい識別記号を付けた第3中隊機の例。3本の斜線は、第3中隊を示す。機体番号の001～019は第1中隊、020～039は第2中隊、040～059は第3中隊、060～079は第4中隊を示す。752空は、18年末から19年初めにかけて米艦船に対する夜間雷撃で顕著な功績を治めた。

21
一式陸上攻撃機一一型　「52-073（55-353）」　昭和19年1月／2月

マーシャル諸島　エニウェトク　第752航空隊
この機体は、元755空の所属機であったが、752空に引き継がれた。尾翼の太い斜線と細い斜線1本ずつの組み合わせは、第4中隊を示す。752空の中隊識別記号には、一貫して斜線による同じ表示方法が用いられた。

22
一式陸上攻撃機二二型（G4M2）「龍41」　昭和19年3月
パラオ諸島　ペリリュー　第761航空隊
761空は、最初に二二型を装備した部隊であった。第1航空艦隊（2代）の1部隊として数字と同時に龍という名前が与えられ、「龍」部隊と称した。垂直尾翼に漢字の「龍」とその下に2桁の機体番号が描かれている。外地に派遣された後、多くの機体は漢字の龍を消して、単純に2桁の機体番号のみ残した。

23
一式陸上攻撃機二二型　「06-303」　昭和19年3月／4月
カロリン諸島　トラック　第755航空隊攻撃706飛行隊
昭和19年3月4日、日本海軍は航空隊の改編を行い、空地分離を実施した。これ以降飛行隊は独立した数字番号を与えられ、ひとつの航空隊から他の航空隊へ、戦況に合わせて自由に移動することが可能となった。これら飛行隊の尾翼記号は、この時期しばしば親航空隊の所属よりも飛行隊の番号を示すことが多い。第705空の飛行部隊は攻撃706飛行隊となり、独立した存在となって新たに755空に所属した。しかし、以前に使用されていた中隊識別記号の尾翼上端の白塗装が残されている。

24
一式陸上攻撃機二二型　「01-312」　昭和19年4月
マリアナ諸島　グアム　第755航空隊攻撃701飛行隊
攻撃701飛行隊は755空と751空の人員を基に、昭和19年3月4日トラック島で編成され、755空に所属した。攻撃706飛行隊の「06-303」と同じく、尾翼番号は所属飛行隊を示している。攻撃701飛行隊は19年の5月半ばから、705空の指揮下でトラック島での哨戒任務に就いたが、「あ」号作戦の後、19年7月10日、攻撃706飛行隊とともに解隊された。

25
一式陸上攻撃機二四型（G4M2A）「752-12」　昭和19年9月
木更津　第752航空隊攻撃703飛行隊
攻撃703飛行隊は、752空の飛行部隊が昭和19年4月1日に改編されたもので、752空に配属された。この機体は一連の「あ」号作戦終了後、再編のために木更津に戻った後のものである。攻撃703飛行隊は、「あ」号作戦に八幡部隊の一員として参加した。この機体は三式空六号（H6）電波探知器を装備し、夜間攻撃用に機体全面を濃緑色で塗っている。また、尾翼の識別記号には飛行隊番号ではなく、航空隊を示す三桁の数字が用いられている。胴体左側の日の丸は円形の昇降口に描かれておらず、後ろにずれすぎている。これは胴体右側の記入位置とそろえたためと思われ、通常の二四型では、胴体側面の20mm銃座がたがいちがいに設置されているためである。

26
一式陸上攻撃機二四型　「762K-84」　昭和19年9月／10月
築城　第762航空隊攻撃708飛行隊
昭和19年10月半ばに台湾沖の米空母任務部隊に対して行われた、台湾沖航空戦の直前の姿を表す。攻撃708飛行隊は、19年7月10日、762空の飛行部隊を基に編成され、同航空隊の指揮下に入った。垂直尾翼の「K」は攻撃を表し、この時期、陸攻の飛行隊ではしばしば用いられた記号である。同飛行隊は、この航空戦に「T部隊」の一員として参加した。胴体後部の日の丸は、昇降口よりずれて胴体右側の記入位置と合わされている。

27
一式陸上攻撃機二四型　「763-12」（二四型通算134号機）

昭和19年11月／12月　フィリピン　クラーク・フィールド
第763航空隊攻撃702飛行隊
攻撃702飛行隊は701空（2代）、752空の下で比島航空戦を戦い、昭和19年11月に763空の指揮下に入ってからも、昭和20（1945）年1月初めまで同地に残ってフィリピン最後の陸攻部隊となった。台湾に後退した後は765空の傘下に入った。この機体は、米軍がクラーク・フィールドで無傷のまま手に入れたものである。後に修理されてテスト飛行が行われた。尾翼の識別記号は航空隊の番号を示す。左側の胴体の日の丸は、後部昇降口の扉に合わせられており、胴体右側の日の丸と記入位置がずれている。したがって胴体右側の日の丸は、左側よりも尾翼寄りに記入されている。

28
一式陸上攻撃機二四型丁／桜花（G4M2E／MXY7）「721-305」
昭和20年3月21日　鹿屋航空基地　第721航空隊攻撃711飛行隊
この機体は特別攻撃機桜花を搭載し、最初に出撃した18機のうちの1機。出撃した全機が米海軍のF6Fによって撃墜された。垂直尾翼の斜めの楔形は、この機体が攻撃711飛行隊の第1中隊（第1分隊）の所属機であることを示している。この機体は、電探のアンテナを機首の回転風防の上に装備しており、風防の先端には13mm銃を装備している。この改修はこの機体が二四型丙1から丁に改造されたことを示している。

29
一式陸上攻撃機二四型丁／桜花　「721-328」　昭和20年3月21日
鹿屋航空基地　第721航空隊攻撃711飛行隊
昭和20年3月21日の悲劇的な出撃は、攻撃711飛行隊の第1中隊および第2中隊によって担われた。この機体は、同攻撃に参加した機体と思われ、尾翼のふたつの楔形が第2中隊であることを示している。本機も機首に13mm銃を装備している。他の721空の二四型丁は、二四型乙から改造された。これらの機体は機首に7.7mm銃を装備している。これらの機体は、電探のアンテナを回転風防の先端に装備している。

30
一式陸上攻撃機二四型丁／桜花　「721K-05」　昭和20年4月
宇佐航空基地　第721航空隊攻撃708飛行隊
比島航空戦を762空の指揮下で戦い、本土に帰還した攻撃708飛行隊は、昭和19年12月20日に721空の指揮下に入り、20年に宇佐基地に移動した。攻撃708飛行隊は、攻撃711飛行隊が3月21日の出撃でほぼ壊滅したことにより、桜花の出撃を4月1日から6月22日まで9回、主力として担った。攻撃711飛行隊が尾翼に楔形の部隊記号と三桁の機体番号を記していたのに対し、攻撃708飛行隊は、飛行隊の識別にアルファベットの「K」と、二桁の機体番号を使用した。

31
一式陸上攻撃機二二型改造型　「3-破」　昭和20年8月
追浜基地（三沢基地）　第706航空隊攻撃704飛行隊
マリアナ諸島のB-29基地を襲撃する予定だった「剣」作戦に参加するため、多数の一式陸攻が胴体上部の動力銃座を撤去、整形板で覆う改造を行った。この特殊な機体は終戦直後に横須賀の追浜基地で撮影されたものだが、本来は「剣」作戦のために、本州北端の三沢基地に展開していた。尾翼の「3」は第3中隊を示し、一方、機体識別のための記号は漢字1字によって表された。「破」が機体番号に相当する。写真によれば、この作戦に参加する機体は日の丸も塗りつぶしていた。706はこの「剣」作戦を担った主力陸攻部隊だが、20年3月5日に木更津で編成された最後の部隊でもあった。

32
一式陸上攻撃機二二型　「951-1-363」　昭和20年6月
大村基地　第951航空隊
戦争末期、一部の陸攻部隊は対潜哨戒の任務についた。こうした部隊は900番台の部隊番号が与えられた。この機体の部隊記号は三角形に配置されており、非常に珍しい。確認されているものでは、

この他に防空任務についた352空が部隊標示に三角を用いている。951空の場合、航空隊番号の後の「1」は、同隊の大村分遣隊を示していると思われる。951空は対潜哨戒部隊として、いくつかの基地に分遣隊を派遣しており、大村分遣隊はその中でも最大のものであった。

33
一式陸上輸送機(G6M-L) 「Z-985 (181)」 昭和17年初め
南東アジア 第1航空隊

輸送機に改修された最初期の機体であるこの「Z-985」は、機体下部のゴンドラ型の銃座が撤去され、開口されたままになっている。輸送機の機体番号には900番台が使用されたが、珍しいことにこの機体では輸送機用番号の下に、戦闘機を示す100番台の数字が見える。部隊記号「Z」は第1航空隊で17年11月まで使用された。同隊は九六陸攻を装備する陸攻部隊として緒戦を戦ったが、同時に開戦直後の落下傘降下作戦にも参加、輸送任務も行った。

34
一式陸上輸送機 「P-911」 昭和18年夏
ニューギニア ラエ 南東方面艦隊司令部

部隊識別記号「P」は、南東方面艦隊を示すと思われる。正確な時期は不明だが、「P」という記号が南東方面艦隊で使用されていたことははっきりしている。この機体は、ニューギニアのラエで破壊され、放棄された。

35
一式陸上輸送機 「GF-2」 連合艦隊司令部 昭和18年後半
羽田空港

連合艦隊司令部に直属し、要人の輸送を行う輸送部隊の機体である。この時期、連合艦隊を示す部隊識別記号には「GF」が用いられた。後に数字による部隊記号方式が採用されてからは「160」に変更された。

36
一式陸上輸送機 「X2-903」 昭和18年夏 南西方面
第202航空隊

この機体は、202航空隊で使用された3機の輸送機のうちの1機である。第3航空隊をその前身に持つ202空は、昭和18年に南西方面で戦った戦闘機部隊の主力である。「X」は上部組織の第23航空戦隊を示す。202空は、尾翼の識別記号を赤で塗った数少ない陸上基地部隊であった。

37
一式陸上攻撃機二二型 「1022-81」(二四型通算142号機)
第1022航空隊 昭和20年1月 フィリピン リンガエン

昭和20年の初め頃になると一式陸攻には、武装した輸送機としての任務が激増した。というのも、本来の攻撃任務ではあまりに防弾が脆弱であったからである。1022空は19年7月に編成された。通常、ほとんどの輸送部隊は、部隊番号の下二桁を識別記号として尾翼に記入することが多かったが、この例では部隊番号四桁と機体番号2桁を記入しており、珍しい。

38
一式陸上攻撃機二四型 「81-926」 昭和20年8月
厚木基地 第1081航空隊

1081空は昭和19年4月1日に編成され、その尾翼記号は下二桁の部隊番号と900番台の機体番号を記入するという最も典型的なものである。しかし、数字の上に描かれたツバメの絵は、日本海軍機においては非常に珍しい、部隊マークを記入した例である。

39
一式陸上攻撃機三四型甲(G4M3A) 「01-95」 昭和20年7月
松島航空基地 第1001航空隊

第1001航空隊は、昭和19年9月に横須賀鎮守府の管轄を離れ、連合艦隊指揮下の第101航空隊の一部となってから、部隊記号「01」を使用するようになった。この機体は1001航空隊に三四型が装備されていたことを示す、一枚の鮮明な写真によってその存在が明らかとなった。この機体は、20年7月14日から15日にかけて実施された米空母艦載機による本州北部の航空基地に対する空襲後『剣』作戦の第2部隊としてかき集められたものである。最初から作戦のために用意されたものではなかったために、これらの陸攻には、改造を加える時間がなかった。また、塗装も元の部隊のままである。

■カバー裏
一式陸上輸送機 「ヨA-987」 昭和19年1月
ニューアイルランド カビエン 第1001航空隊

1000番台の数字を部隊番号とする航空隊は輸送機部隊である。昭和18年7月1日、木更津で編成された1001空は、日本海軍で最初の輸送専門部隊であり、横須賀鎮守府に所属。日本が占領した全地域にわたって輸送任務を行った。部隊記号であるカタカナの「ヨ」の後に続く「A」は、1001空が横須賀鎮守府に直属する最初の航空隊であることを示している。この機体はニューアイルランド諸島のカビエンで破壊された。

主要参考文献　SELECTED BIBLIOGRAPHY

巌谷二三男　『中攻』　原書房　1976年 (後、朝日ソノラマ　現在共に品切れ)
伊沢保穂　『陸攻と銀河』　朝日ソノラマ　1995年 (現在品切れ)
中攻会　『海軍中攻史話集』　同書編集委員会　1980年 (非売品)
海軍705空会　『第705海軍航空隊史』　海軍705空会　1975年 (非売品)
海空会　『海鷲の航跡』　原書房　1982 (現在品切れ)
碇義朗　『海軍空技廠』　光人社　1989年
須藤朔　『マレー沖海戦』　白金書房　1974年 (現・学研M文庫)
関根精次　『炎の翼』　今日の話題社　1976年 (現・光人社NF文庫)
高橋勝作(他)　『海軍陸上攻撃機隊・海軍中攻隊死闘の記録』　今日の話題社　1976年 (現在品切れ)
村上益夫　『死闘の大空』　朝日ソノラマ　1984年 (現在品切れ)
蔵増実佳　『望郷の戦記』　光人社　1987年 (現・光人社NF文庫)
井上昌巳　『一式陸攻雷撃記・海軍七六一空の死闘』　光人社　1998年 (現・光人社NF文庫)
『戦史叢書』(各巻) 防衛庁防衛研修所戦史室　朝雲新聞社 (現在品切れ)

Lundstrom, John B., *The First Team*. Naval Institute Press, 1984
Lundstrom, John B., *The First Team and the Guadalcanal Campaign*. Naval Institute Press, 1994
Shores, Christpher et.al., *Bloody Shambles Vol. 1*. Grub Street, 1992
Shores, Christpher et.al., *Bloody Shambles Vol. 2*. Grub Street, 1993
Bartsch, William H., *Doomed at the Start*. Texas A&M University Press, 1992
Tillman, Barrett, *Hellcat*. Naval Institute Press, 1979
Boer, P. C., *De Luchtstrijd rond Borneo*. Van Holkema & Warendorf, 1987
Boer, P. C., *De Luchtstrijd om Indie*. Van Holkema & Warendorf, 1990
Hickey, Lawrence J., *Warpath Across the Pacific, 4th Revised Ed. (Eagles over the Pacific. Vol.1)*. International Research and Publishing, 1996

◎著者紹介 | **多賀谷 修牟　Osamu Tagaya**

元海軍航空技術士官を父にもち、主にスミソニアン博物館向けに、日本機に関する多くの著作を執筆している。多年にわたりイギリスのサリー州に住んでいたが、最近生まれ故郷であるカリフォルニアに戻った。現在、連合国のコードネームでヴァルと呼ばれた愛知の九九式艦上爆撃機――型についての執筆を進めている。この著作は、Osprey Combat Aircraftシリーズの一冊として刊行される予定である。

◎訳者紹介 | **小林 昇（こばやしのぼる）**

1957年神奈川県生まれ。早稲田大学政治経済学部卒。編集者として書籍・雑誌の編集を行う傍ら、自らも旧軍の航空史研究を行う。主な論考に「アウトレンジの特攻隊・銀河『丹』作戦始末」、「不発に終わった『烈』作戦」、「九六陸攻・マレー沖我らが最良の日」、中攻部隊の沖縄特攻を扱った「オンボロ陸攻沖縄の夜空に在り」（いずれも文林堂刊『世界の傑作機』シリーズに所収）。訳書に『日本海軍航空隊のエース　1937-1945』（大日本絵画刊）がある。

オスプレイ軍用機シリーズ 26

**太平洋戦争の
三菱一式陸上攻撃機
部隊と戦歴**

発行日	2002年10月10日　初版第1刷
著者	多賀谷 修牟
訳者	小林 昇
発行者	小川光二
発行所	株式会社大日本絵画 〒101-0054 東京都千代田区神田錦町1丁目7番地 電話：03-3294-7861 http://www.kaiga.co.jp
編集	株式会社アートボックス
装幀・デザイン	関口八重子
印刷/製本	大日本印刷株式会社

©2001 Osprey Publishing Limited
Printed in Japan
ISBN4-499-22792-5 C0076

Mitsubishi Type 1 Rikko Betty
Units of World War 2
Osamu Tagaya

First published in Great Britain in 2001, by Osprey Publishing Ltd, Elms Court, Chapel Way, Botley, Oxford, OX2 9LP. All rights reserved. Japanese language translation ©2002 Dainippon Kaiga Co., Ltd.

ACKNOWLEDGEMENTS
The Author wishes to express his deepest thanks to the following individuals for their invaluable assistance in the preparation of this volume, and in their generous provision of excellent photographs: Lawrence J Hickey, Robert C Mikesh, Shigeru Nohara, James F Lansdale, James I Long, Yoshio Tagaya, Edward M Young, Ichiro Mitsui of Bunrindo K K, Minoru Akimoto, Dana Bell, David Pluth and Tom Hall.